高职高专化工专业系列教材

（工作活页式）

化工设备检修钳工实训

卢永强　李广明　主编
祁益璞　叶瑛霞　副主编

化学工业出版社

·北京·

内容简介

本书主要内容分为两部分：第一，钳工量具的正确使用，及划线、锯削、锉削、钻孔、铰孔、錾削、螺纹加工等基本知识和操作技能；第二，常见化工设备、管路、阀门的标准化，管路和阀门的安装、维护与检修的基本知识和维修技能。为方便学生实践和自我评价考核，每个章节设置了实训操作、实训评价和模块思考。

全书内容力求通俗易懂，突出实际技能训练，涵盖《国家职业标准》和《职业技能鉴定规范》中化工检修钳工初、中级工的相关要求，可作为化工类专业职业教育教材或化工企业工人培训教材。

图书在版编目（CIP）数据

化工设备检修钳工实训/卢永强，李广明主编．—北京：化学工业出版社，2024.3
高职高专化工专业系列教材
ISBN 978-7-122-44648-0

Ⅰ．①化… Ⅱ．①卢… ②李… Ⅲ．①化工设备-机修钳工-高等职业教育-教材 Ⅳ．①TQ050.7

中国国家版本馆 CIP 数据核字（2024）第 054314 号

责任编辑：潘新文　　　　　　装帧设计：韩　飞
责任校对：李　爽

出版发行：化学工业出版社
　　　　（北京市东城区青年湖南街 13 号　邮政编码 100011）
印　　装：北京科印技术咨询服务有限公司数码印刷分部
787mm×1092mm　1/16　印张 9¼　字数 202 千字
2024 年 5 月北京第 1 版第 1 次印刷

购书咨询：010-64518888　　　　售后服务：010-64518899
网　　址：http://www.cip.com.cn
凡购买本书，如有缺损质量问题，本社销售中心负责调换。

定　　价：32.00 元　　　　　　版权所有　违者必究

前言

任何机器设备在运行一段时间之后，都会经历正常的或不正常的磨损、腐蚀，并逐渐丧失精度，降低强度，且这种情况会越来越严重。检修钳工的工作，就是要恢复由于各种因素引起的机器和设备的局部损坏，根据实际需要，通过检查、修理、调整和更换已经严重失效的部件，使机器设备的工作、效能得以恢复。高质量的检修工作，可降低机器设备的故障率，延长其使用寿命，增加生产效益。

钳工是机械制造中最基础的、以手工作业为主的金属加工技术。当今世界各种先进加工机床不断出现，但钳工仍是广泛应用的基本技术，如划线、刮削、研磨和机械装配等作业，至今尚无适当的机械化设备可以全部代替。钳工基本操作主要包括划线、錾削、锉削、锯削、钻孔、攻螺纹和套螺纹，以及机器的装配调试等。职业院校学生有了钳工实训的经历，能得到一定的有关制造业的感性认识，为后续技能学习奠定基础。本书遵循职业技术教育的特点，以能力培养为目标，以知识应用为目的，注重化工检修钳工的实践操作环节，注意培养学生观察、分析和动手解决问题的能力。理论知识以够用为度，较大幅度地减少了理论阐述。全书内容涉及钳工量具识读、划线、锯削、锉削、钻孔、铰孔、錾削、螺纹加工，以及化工管路、换热器、塔设备的选型、安装与维护等。实训部分采用工作活页式排版。

本书可作为职业教育化工工艺、过程装备及控制等专业教材，也可作为化工中级技术工人培训教材，或作为初、中级技术工人自学教材。

本书由青海柴达木职业技术学院卢永强、李广明担任主编，祁益璞、叶瑛霞担任副主编，参加编写的人员有马录成、朱成洲。其中，李广明、祁益璞编写模块一，李广明、马录成编写模块二，卢永强编写模块三，李广明、卢永强编写模块四，卢永强、叶瑛霞编写模块五，卢永强、朱成洲编写模块六和模块七。北京华科易汇科技股份有限公司的魏文佳对于本书的大纲和逻辑结构的确定给予了诸多指导。由于编者水平有限，书中难免有不足之处，敬请读者批评指正。

编者
2023 年 10 月

目 录

模块一　钳工常用量具的识读

实训　识读钳工常用量具 1
模块思考 12

模块二　划线、锯削和锉削

实训一　划线 13
实训二　锯削 20
实训三　锉削 26
模块思考 29

模块三　钻孔和铰孔

实训一　钻孔 30
实训二　铰孔 36
模块思考 40

模块四　錾削、攻螺纹和套螺纹

实训一　錾削 41
实训二　攻螺纹和套螺纹 48
模块思考 60

模块五　化工管路

实训一　化工管路的构成和标准化 …… 61
实训二　管子与管件 …… 67
实训三　阀门 …… 76
实训四　管路安装 …… 84
模块思考 …… 90

模块六　换热器

实训一　换热器的分类和结构性能 …… 91
实训二　列管式换热器的选择、安装和维修 …… 103
模块思考 …… 107

模块七　塔设备

实训一　塔设备的类型和结构 …… 109
实训二　板式塔 …… 119
实训三　填料塔 …… 128
模块思考 …… 140

参考文献

模块一　钳工常用量具的识读

实训　识读钳工常用量具

一、实训目的

① 熟练掌握钳工常用量具的使用方法，并准确读数。
② 熟悉钳工技术安全知识和文明生产的要求。
③ 培养学生良好的吃苦耐劳的精神与职业素养。

二、料工准备

① 坯料：25mm×25mm×8mm。
② 量具：钢直尺、90°角尺、游标卡尺、千分尺、万能角度尺、百分表等。量具领用清单如表1-1所示。

表1-1　量具领用清单

序号	量具名称	规格型号	数量/个	备注
1	钢直尺	200mm	15	
2	90°角尺	200mm	15	
3	游标卡尺	200mm	15	
4	千分尺	50mm	15	
5	万能角度尺	0°～320°	15	
6	百分表		1	

领用人：　　　管理员：　　　生产部核实：

三、实训分析

1. 钳工常用量具

每一个零件的生产都必须按照图纸规定的尺寸公差要求来生产制作。零件质量是通过测量来确定的,测量是用量具来实现的。量具是检验零件是否合格的基本工具。

钳工常用量具主要包括钢直尺、90°角尺、游标卡尺、千分尺、万能角度尺、百分表及千分表等。

(1) 钢直尺

钢直尺是一种简单的长度测量工具,用于测量零件的长度尺寸,它的最小读数值为1mm,比1mm小的数值,只能估计而得。

如果用钢直尺直接测量零件的直径尺寸(轴径或孔径),测量精度较差,原因是除了钢直尺本身的读数误差较大以外,其无法正好放在零件直径的正确位置。所以,零件直径尺寸的测量也可以利用钢直尺和内外卡钳配合完成。钢直尺的使用如图1-1所示。

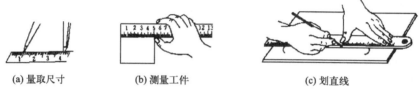

(a) 量取尺寸　　　　(b) 测量工件　　　　(c) 划直线

图1-1　钢直尺的使用

(2) 90°角尺

90°角尺可作为划垂直线及平行线的导向工具,找正工件在划线平台上的垂直位置,检查两垂直面的垂直度及单个平面的平面度,如图1-2(a)～(c)所示。

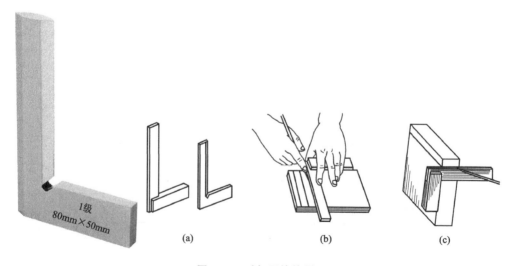

图1-2　90°角尺的使用

在进行垂直度检查时，应注意以下几点：

① 在用90°角尺检查时，尺座与基准平面必须始终保持紧贴，而不应受被测平面的影响而松动，否则检查结果会产生误差。眼光平视观察其透光情况，以此来判断工件被测面与基准面是否垂直。检查时，90°角尺不可斜放，如图1-3所示，否则检查结果不准确。

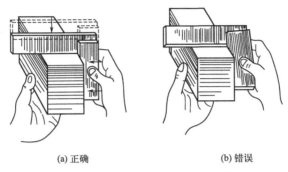

图1-3　使用90°角尺检查垂直度

② 若在同一平面上不同位置进行检查时，角尺不可在工件表面上前后移动，以免磨损，影响角尺本身的精度。

（3）游标卡尺

游标卡尺是一种中等精密的常用量具，其读数精度有0.02mm、0.05mm和0.1mm，可测量工件的外径、内径、长度、深度和孔距等。

① 游标卡尺由主尺和附在主尺上能滑动的游标副尺两部分构成。其中，游标卡尺的主尺和游标上有两副活动量爪，分别是内测量爪和外测量爪，内测量爪通常用来测量内径，外测量爪通常用来测量长度和外径，如图1-4所示。

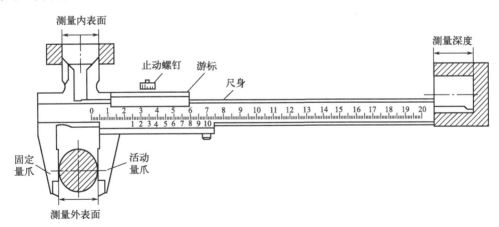

图1-4　游标卡尺的结构

② 游标卡尺的类型、刻线原理及读数方法。

a. 0.05mm（1/20mm）游标卡尺，是利用尺身的刻线间距与游标的刻线间距差来进行分度的。主尺上每一格的长度为1mm，当两量爪合并时，游标上的20格刚好与尺身上的19mm对正。因此，尺身与游标每格之差为：1－19/20＝0.05（mm），此差值即为1/20mm游标卡尺的测量精度,如图1-5所示。

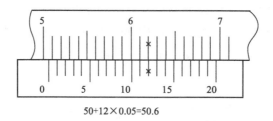

图1-5　0.05mm（1/20mm）游标卡尺

b. 0.02mm（1/50mm）游标卡尺。主尺上每一格的长度为1mm,当两量爪合并时,游标上的50格刚好与尺身上的49mm对正。因此,尺身与游标每格之差为: $1-49/50=0.02$（mm）,此差值即为1/50mm游标卡尺的测量精度,如图1-6(a)所示。

1/50mm游标卡尺的读数方法跟1/20mm游标卡尺的读数方法一样,如图1-6(b)所示。

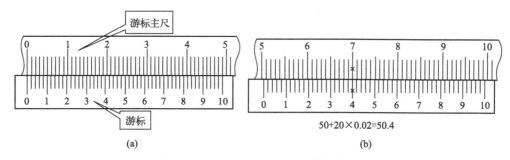

图1-6　0.02mm（1/50mm）游标卡尺

c. 游标卡尺操作注意事项。

测量前应将游标卡尺擦干净,检查量爪贴合后主尺与副尺的零位线是否对齐。

测量时,所用的推力应使两量爪紧贴接触工件表面,力量不宜过大。

测量时,不要使游标卡尺歪斜。

在游标上读数时,要正视游标卡尺,避免视线误差的产生,如图1-7所示。

图1-7　游标卡尺使用的注意事项

（4）千分尺

千分尺为一种精密量具,其测量准确度为0.01mm。图1-8所示为常用的外径千分尺的结构。

图1-9所示为其他类型千分尺的外形图。

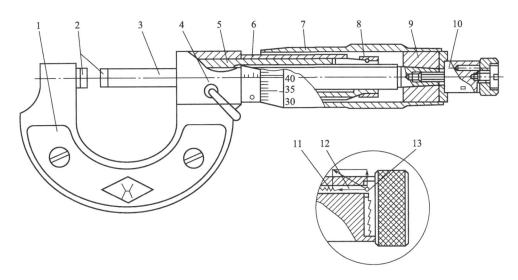

图 1-8 外径千分尺的结构

1—尺架；2—砧座；3—测微螺杆；4—锁紧装置；5—螺纹轴套；6—固定刻度套管；
7—微分筒；8—调节螺母；9—接头；10—测力装置；11—弹簧；12—棘轮爪；13—棘轮

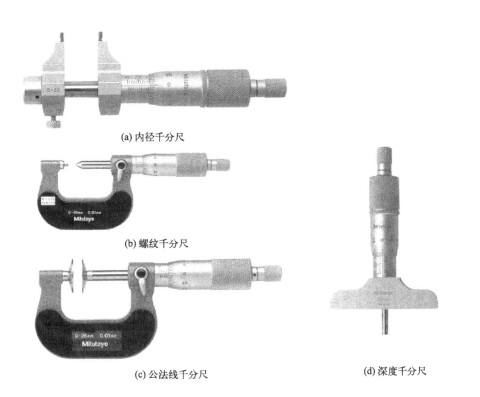

(a) 内径千分尺

(b) 螺纹千分尺

(c) 公法线千分尺

(d) 深度千分尺

图 1-9 其他类型千分尺的外形

① 外径千分尺的刻线原理及读数方法。

a. 原理：当微分筒转一周时，螺杆就移动 0.5mm。微分筒圆锥面上共刻有 50 格，因此微分筒每转一格，螺杆就移动 0.5÷50＝0.01（mm）；固定套筒上刻有主尺刻线，每格 0.5mm。

b. 读数方法：在千分尺上的读数方法可分三步。

读出微分筒边缘在固定套筒主尺的毫米数和 0.5mm 数。

看微分筒上哪一格与固定套筒上基准线对齐，并读出不足 0.5mm 的数。

把两个读数加起来就是测得的实际尺寸。

测量读数如图 1-10 所示。

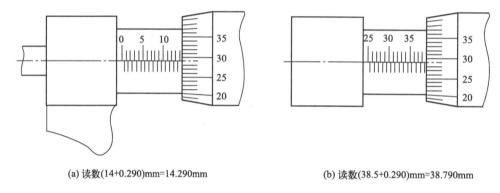

(a) 读数(14+0.290)mm=14.290mm　　　(b) 读数(38.5+0.290)mm=38.790mm

图 1-10　外径千分尺的读数

c. 千分尺操作注意事项。

测量时，在测微螺杆快靠近被测物体时应停止使用旋钮，而改用微调旋钮，避免产生过大的压力，既可使测量结果精确，又能保护千分尺。

在读数时，要注意固定刻度尺上表示半毫米的刻线是否已经露出。

读数时，千分位有一位估读数字，不能随便舍弃，即使固定刻度的零位线正好与可动刻度的某一刻度线对齐，千分位上也应读取为"0"。

当小砧和测微螺杆并拢时，可动刻度的零位线与固定刻度的零位线不相重合，将出现零误差，应加以修正，即在最后测长度的读数上去掉零误差的数值。

② 千分尺的正确使用和保养。

检查零位线是否准确。

测量时需把工件被测量面擦干净。

工件较大时应放在 V 形铁或平板上测量。

测量前将测量杆和砧座擦干净。

拧活动套筒时需用棘轮装置。

不要拧松后盖，以免造成零位线改变。

不要在固定套筒和活动套筒间加入普通机油。

用后擦净、上油，放入专用盒内，置于干燥处。

(5) 万能角度尺

万能角度尺是用来测量工件和样板的内、外角度的量具。其测量精度有 2′ 和 5′ 两种，测量范围为 0°～320°。

① 万能角度尺的结构如图 1-11 所示，它主要由主尺、测量面、紧固螺钉、副尺、角尺、直尺、夹块等部分组成。

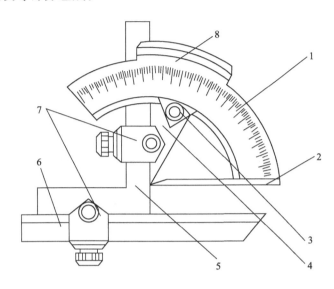

图 1-11　万能角度尺的结构组成

1—主尺；2—测量面；3—紧固螺钉；4,8—副尺；5—角尺；6—直尺；7—夹块

② 万能角度尺的刻线原理：主尺刻线每格为 1°，游标的刻线是取主尺的 29° 等分为 30 格，主尺与游标一格的差值为 2′，也就是说万能角度尺读数准确度为 2′。除此之外还有 5′ 和 10′ 两种精度。

③ 万能角度尺的读数方法：先读出游标零线前的角度是几度，再从游标上读出角度"分"的数值，两者相加就是被测零件的角度数值。

万能角度尺测量角度分为 0°～50°、50°～140°、140°～230° 和 230°～320°，如图 1-12（a）～（d）所示。

利用万能角度尺的主尺、游标尺配合角尺和直尺可检查外角 α，如图 1-13 所示。

④ 万能角度尺操作注意事项。

使用前，检查角尺的零位线是否对齐。

测量时，应使角尺的两个测量面与被测件表面在全长上保持良好的接触，然后拧紧制动器上螺母进行读数。

测量角度在 0°～50°，应装上角尺和直尺。

测量角度在 50°～140°，应装上直尺。

测量角度在 140°～230°，应装上角尺。

测量角度在 230°～320°，不装角尺和直尺。

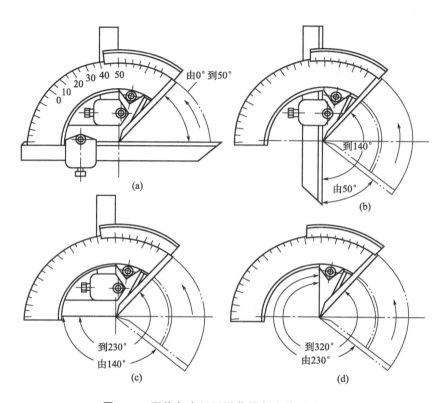

图 1-12 万能角度尺不同范围角度的测量方法

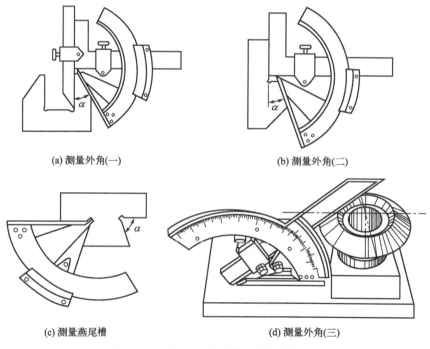

(a) 测量外角(一)　　(b) 测量外角(二)

(c) 测量燕尾槽　　(d) 测量外角(三)

图 1-13 万能角度尺测量不同类型外角 α

(6) 百分表和千分表

百分表和千分表都是利用精密齿条齿轮机构制成的表式通用长度测量工具。常用于形状和位置误差以及小位移的长度测量，具有防震机构，使用寿命长，精度可靠。

① 百分表适用于尺寸精度为 IT6～IT8 级零件的校正和检验；千分表则适用于尺寸精度为 IT5～IT7 级零件的校正和检验。百分表和千分表按其制造精度，可分为 0 级、1 级、2 级三种。

改变测头形状并配以相应的支架，可制成百分表的变形品种，如厚度百分表、深度百分表和内径百分表等。如用杠杆代替齿条可制成杠杆百分表和杠杆千分表。

② 百分表和千分表的使用方法。百分表和千分表表盘上都有刻度，百分表的圆表盘上刻有 100 个等分刻度，即每一分度值相当于量杆移动 0.01mm。同理，千分表圆表盘上每一分度值为 0.001mm。

百分表的读数。读小指针转过的刻度线（即毫米整数），再读大指针转过的刻度线（即小数部分），并乘以 0.01，然后两者相加，即得到所测量的数值。

百分表和千分表无法单独使用，一般需要利用专用夹持工具如磁性表座、万能表架等来安装固定使用。

2. 钳工安全知识和文明生产要求

① 合理布局主要设备，钳台要放在便于工作和光线适宜的地方，台式钻床和砂轮机一般应安放在场地的边缘，毛坯和原材料等放置要有顺序，以保证操作中的安全和方便。

② 工具、量具的安放要合理有序。为取用方便，右手取用的工具、量具放在右边，左手取用的工具、量具放在左边，且排列整齐，不能使其伸到钳台边以外。工具与量具不能混放在一起，量具必须放在量具盒内或专用板架上。精密的工具、量具要轻拿轻放，使用完后应擦拭干净，放回盒内，以保证精度与测量的准确性。

③ 使用的机床、工具（如砂轮机、钻床、手电钻和各种工具）要经常检查，发现损坏要停止使用，修好再用，不能擅自使用损坏和不熟悉的机床和工具。在进行某些操作时，必须穿戴防护用具（如防护镜、胶鞋等）。工作完毕后，对所有使用过的设备应按要求进行清理、润滑，对工作场地要及时清扫干净，并将切屑及垃圾及时运送到指定地点。

④ 使用电器设备时，必须严格遵守操作规程，防止触电造成人身事故。如发现有人触电，不要慌乱，要及时切断电源进行抢救。

⑤ 钳工工作中，如錾削、锯削及在砂轮机上修磨工具，都会产生很多切屑，清除切屑时要用刷子，不要用手，更不能用嘴吹，以免切屑飞进眼睛造成伤害。

⑥ 在使用虎钳的时候，只能用双手的力来扳紧手板，决不能接长手柄或用手锤敲击手柄，更不能用无柄锉刀作为撬棒使用。

⑦ 锉削时，不可使用无锉刀柄的锉刀，决不允许把锉刀当锤使用，锤击工件和其他地方。

⑧ 抡锤前应注意周围是否有人，要选好方向，以免锤头或手锤脱出伤人。

⑨ 钻削时，严禁戴手套接近旋转体，清除钻屑时应停车后用毛刷，决不允许用手拉或用嘴吹，以免造成伤害。

⑩ 锯削工件时，工件装夹在虎钳左边，快要锯断时应右手单手锯削，左手扶住工件，以免工件断后落地伤脚。锯弓用完后应放松锯条，以免锯弓长期张紧变形，严禁用锯弓或断锯条敲击钳台或刻划其他地方。

四、实训操作

① 测量尺寸为 23.64mm，请在下框中画出游标卡尺的刻线示意图。

② 测量尺寸为 25.357mm，请在下框中画出千分尺的刻线示意图。

③ 测量角度为 α＝172°，请调整万能角度尺的主尺、游标尺配合角尺和直尺检查外角 α。

姓名　　　　学号　　　　班级

五、实训评价

请学习者和教师根据表1-2的实训评价内容进行学生自评和教师评价，并根据评分标准将对应的得分填写于表中。

表1-2　钳工常用量具识读实训评价表

项目	评价内容	评分标准/分	学生自评/分	教师评分/分	累计得分/分
量具使用	1. 正确使用和操作各类量具	7.5			
	2. 正确使用游标卡尺并准确读数	7.5			
	3. 正确使用千分尺并准确读数	7.5			
	4. 正确使用万能角度尺并准确读数	7.5			
素质培养	1. 熟悉钳工安全知识和文明生产要求	7.5			
	2. 具备基本职业素养	12.5			
总分					
姓名：	工号：	日期：		教师：	

模块思考

1. 基本钳工量具有哪些？
2. 使用游标卡尺的正确操作步骤包括哪些？
3. 使用千分尺的正确操作步骤包括哪些？

模块二　划线、锯削和锉削

实训一　划　线

一、实训目的

① 熟练掌握钳工划线工具正确使用的方法，并理解划线的目的。
② 划线加工外接圆直径为 20mm 的正六方件。
③ 培养学生良好的吃苦耐劳精神与职业素养。

二、料工准备

试件图如图 2-1 所示。

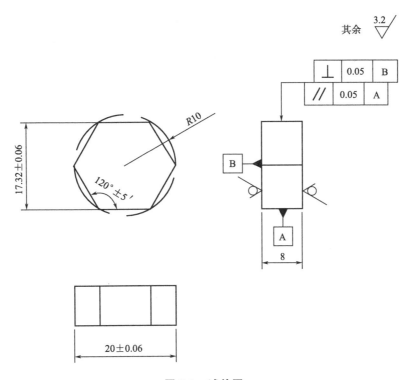

图 2-1　试件图

工具：划针、划规、钢直尺、高度游标卡尺、划线平台和样冲等。

三、实训分析

1. 划线的概念和类型

划线是指在毛坯或工件上，用划线工具划出待加工部位的轮廓线，或作为基准的点、线的操作方法，包括划直线、划平行线、划垂直线、划角度线、等分圆周，做正多边形、划直线与圆弧相切、划圆弧与圆弧相切等。

划线分为两种类型：平面划线和立体划线。

(1) 平面划线

只需在工件一个表面上划线就能明确表示工件加工界线的称平面划线，如图 2-2 所示。例如在板料、条料上划线。平面划线又分几何划线法和样板划线法。

(2) 立体划线

需要在工件两个以上的表面划线才能明确表示加工界线的，称为立体划线，如图 2-3 所示。例如划出矩形块各表面的加工线及机床床身、箱体等表面的加工线都属于立体划线。

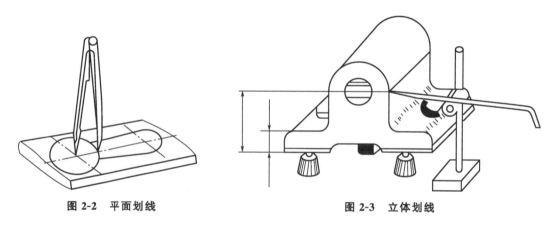

图 2-2　平面划线　　　　　　图 2-3　立体划线

2. 划线的作用

划线是机械加工的重要工序之一，广泛应用于单件和小批量生产，是钳工应该掌握的一项重要操作技能。划线的作用如下。

① 确定工件加工面的位置与加工余量，给下道工序划定明确的尺寸界限。
② 能够及时发现和处理不合格毛坯，避免不合格毛坯流入加工中造成损失。
③ 当毛坯出现某些缺陷时，可通过划线时的"借料"方法，达到一定的补救。
④ 在板料上按划线下料，可以做到正确排料，合理用料。

3. 划线工具

(1) 划针

划针用来在工件上划出线条，由碳素工具钢制成，直径一般为 $\phi 3 \sim 5$，尖端磨成 $15°\sim 20°$ 的尖角，并经热处理淬火后使用。有的划针在尖端部位焊有硬质合金，耐磨性更好，如图 2-4（a）、(b) 所示。

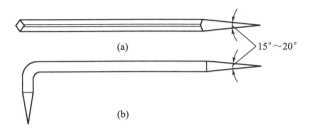

图 2-4 划针

划针使用注意事项。

① 在钢直尺和划针划连接两点直线时，针尖要紧靠导向工具的边缘，并压紧导向工具。

② 划线时，划针向划线方向倾斜 45°～75°夹角 [图 2-5(a)]，上部向外侧倾斜 15°～20° [图 2-5(b)]。

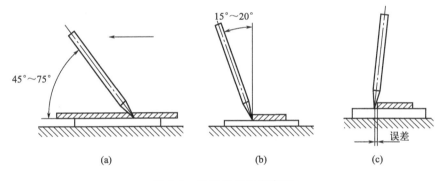

图 2-5 划针使用注意事项

③ 针尖要保持尖锐，划线要尽量做到一次划成，使划出的线条既清晰又准确 [图 2-5(c)]。

④ 不用时，划针不能插在衣袋中，最好套上塑料管，不使针尖露出到外面。

(2) 划规

划规如图 2-6 所示。

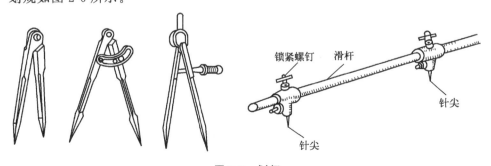

图 2-6 划规

划规使用注意事项。

① 用划规划圆时，作为旋转中心的一脚应施加较大的压力，在工件表面划线的另一脚应施加较轻的压力。

② 划规两脚的长短应磨得稍有不同，且两脚合拢时脚尖应能靠紧，这样才能划出较小的圆。

③ 为保证划出的线条清晰，划规的脚尖应保持尖锐。

(3) 钢直尺

如图 2-7 所示，使用钢直尺时，应注意尺身不能弯曲，尺端边及两个直角不应有磨损及损伤，以保证尺端与尺边垂直，应以左端的"0"刻线作为测量基准，这样不仅便于找正测量基准，而且便于读数。

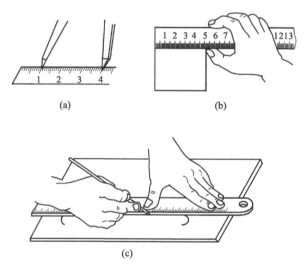

图 2-7 钢直尺的使用

用钢直尺测量工件时，尺子要放正，应当注意使钢直尺的侧边与工件被测尺寸的轴线重合或平行，以减小因操作方法不正确引起的测量误差，提高测量的准确度。可配合划规截取基本粗略尺寸。

(4) 高度游标卡尺

高度游标卡尺可测量工件的高度，还可直接用来划线。一般和平板配合使用。

高度游标卡尺使用注意事项：

① 高度游标卡尺作为精密划线工具，不得用于粗糙毛坯表面的划线。

② 用完以后应将高度游标卡尺擦拭干净，涂油装盒保存。

(5) 划线平台

划线平台又称划线平板，如图 2-8 所示。划线平台由铸铁制成，工作平台表面经过刮削加工，作为划线时的基准平面。划线平台一般用木架搁置，放置时应使平台工作表面处于水平状态。

划线台板使用注意事项：

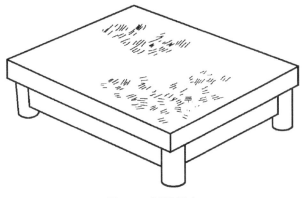

图 2-8 划线平台

① 划线平台放置时应使工作表面处于水平状态。
② 平台工作表面应保持清洁。
③ 工件和工具在平台上应轻拿轻放,不可损伤其工作表面。
④ 不可在平台上进行敲击作业。
⑤ 用完后要擦拭干净,并涂上机油防锈。

(6) 样冲

样冲用于在工件所划加工线条上打样冲眼(冲点),作为加强界限标志和作圆弧或钻孔时的定位中心,如图 2-9 所示。

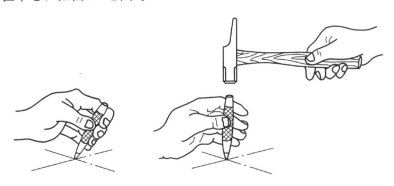

图 2-9 样冲的使用

样冲使用注意事项。
① 样冲刃磨时应防止过热退火。
② 打样冲眼时,冲尖应对准所划线条正中。
③ 样冲眼间距视线条长短曲直而定,线条长而直时,间距可大些;短而曲则间距应小些,交叉、转折处必须打上样冲眼。
④ 样冲眼的深浅视工件表面粗糙程度而定,表面光滑或薄壁的工件,样冲眼打得浅些;粗糙表面,样冲眼打得深些,精加工表面禁止打样冲眼。

4. 划线前的准备工作

划线前,必须认真分析工件加工图纸的技术要求和工艺规程,合理选择划线基准,确定划线位置、划线步骤和划线方法。划线的准备工作包括工件的清理和涂色。

(1) 工件的清理

毛坯件上的氧化皮、飞边、残留的泥沙污垢，已加工工件的毛刺、铁屑等必须清理干净，否则将影响划线的清晰度，并损伤精密的划线工具。

(2) 工件的涂色

为了使划线的线条清晰，一般都要在工件的划线部位涂上一层涂料。涂料时，尽可能涂得薄而均匀，才能保证划线清晰。涂料涂得厚容易剥落。

5. 划线基准的选择

(1) 基准的概念

划线基准是指在划线时选择工件上的某个点、线、面作为依据，用它来确定工件的各部分尺寸、几何形状及相对位置。

(2) 划线基准的选择

① 以两个相互垂直的平面或直线为划线基准，如图 2-10(a) 所示。

② 以两个互相垂直的中心线为划线基准，如图 2-10(b) 所示。

③ 以一个平面和一条中心线为划线基准，如图 2-10(c) 所示

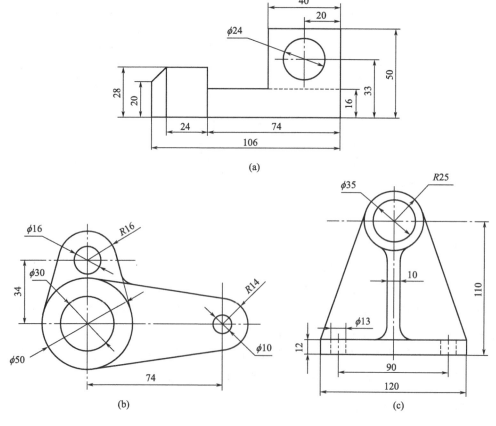

图 2-10 划线基准的选择

四、实训操作

划线加工外接圆直径为 20mm 的正六方件,其操作步骤如下。

① 选取毛坯料,加工垂直基准平面(可使用模块一的实训坯料)。

② 画出加工界限。

③ 锯削坯料。

④ 锉削至尺寸公差范围,测量控制三组对边距离为 17.32mm±0.06mm,相对角点距离为 20mm±0.06mm(3处),角度 120°±5′(6处)。

五、实训评价

请学习者和教师根据表 2-1 的实训评价内容进行学生自评和教师评价,并根据评分标准将对应的检测记录及得分填写于表中。

表 2-1 划线实训评价表

项目	技术要求	评分标准/分	检测记录	学生自评/分	教师评价/分	累计得分/分
加工六方件	1. 相对角距离 20mm±0.06mm(3处)	9				
	2. 对边距离 17.32mm±0.06mm(3处)	9				
	3. 角度 120°±5′(6处)	9				
	4. 锉削面平整度 Ra3.2	9				
	5. 削面平直度符合规范要求	9				
安全性	遵守安全文明生产规范	5				
总分						
姓名:	工号:		日期:		教师:	

实训二 锯 削

一、实训目的

① 了解锯削的定义、有关锯条的参数，以及锯条的选择原则和安装要求。
② 掌握正确的起锯方法及锯削姿势，锯削操作的基本要领。
③ 划线加工外接圆直径为 20mm 的正六方件。
④ 培养学生良好的吃苦耐劳精神与职业素养。

二、料工准备

① 坯料：60mm×Nmm×8mm。
② 试件图如图 2-11 所示。

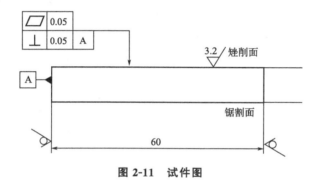

图 2-11 试件图

③ 工具：锯弓、锯条、台虎钳等。

三、实训分析

1. 锯削工具

(1) 锯弓

锯弓如图 2-12 所示。

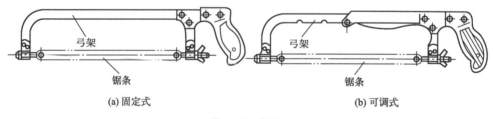

(a) 固定式   (b) 可调式

图 2-12 锯弓

(2) 锯条

① 锯条的材料：锯条常用优质碳素工具钢 T10A 或 T12A 制成，经热处理后硬度

可达 HRC60～64，与制造锉刀的材料一样。因此，平时在操作时，两者不要混放，更不要叠放，以免产生相对摩擦，造成相互损伤。另外，高速钢也用来制作锯条，具有较高的硬度、韧性和耐热性，但成本比普通锯条高出许多。

② 锯条的规格主要包括长度和齿距。

a. 长度：是指锯条两端安装孔的中心距，一般有 100mm、200mm、300mm 等几种。钳工实习常用的锯条是 300mm 长度规格。

b. 齿距：是指两相邻齿对应点的距离，按照齿距大小，锯条可分为粗、中、细三种规格，见表 2-2。

表 2-2　锯条的齿距规格

锯齿粗细	齿距/mm	应用
粗齿	1.8	锯削钢、铝等软材料
中齿	1.4	锯削普通钢、铸铁等中等硬度材料
细齿	1	锯削硬板料及薄壁管子

③ 锯齿。常用锯条的锯齿角度是：后角 α 为 40°～45°，楔角 β 为 45°～50°，前角 γ 为 0°，如图 2-13 所示。

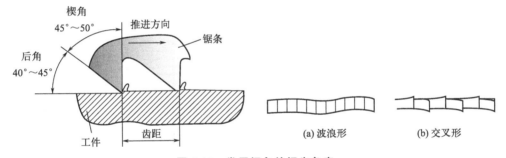

图 2-13　常用锯条的锯齿角度

④ 锯路。锯条的锯齿按一定规律左右错开排列成一定的形状，从而形成锯路。常见的锯路有波浪形和交叉形（图 2-13）。锯路在锯削过程中十分重要，它的存在使锯条两侧面不与工件直接接触，减少了锯条与工件的摩擦和热量的产生，同时也有利于铁屑的排空。随着锯齿两侧的磨损，锯路会变得越来越窄，阻力也越来越大，锯齿也渐渐失去锋利，达到一定程度时，锯条便丧失了切削功能。

⑤ 锯条粗细的选择。锯条粗细的选择应由工件材料的硬度和厚度来决定。锯削软材料（如铜、铝合金等）或厚件时，容屑空间要大，应选用粗齿锯条；锯削硬材料和薄件时，切削的齿数要多，因切削量少且均匀，尽可能减少崩齿和钝化，应选用中齿甚至细齿的锯条。

只有锯齿向前才能正常切削，如图 2-14 所示。锯条松紧应适当，太松或太紧，锯条都容易崩断，安装好后应无扭曲现象。锯条平面与锯弓纵向平面应在同一平面内或相互平行的平面内。

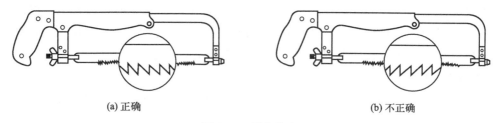

(a) 正确　　　　　　　　　　　(b) 不正确

图 2-14　锯齿齿向

2. 工件的夹持

① 工件尽量夹在台虎钳钳口的左面，以便操作。

② 工件伸出钳口的距离不要太长（20mm 左右），否则工件容易颤动，形成噪声。

③ 所划锯缝线应尽可能垂直水平面。

④ 工件要夹持牢固，但应避免将工件夹变形和夹坏已加工面，必要时可垫一软钳口。

⑤ 握持锯弓时，手臂自然舒展，右手握稳锯柄，左手扶在锯弓的前端，握柄手臂与锯弓呈一直线。锯削时右手施力，左手压力不要太大，主要是协助右手扶正锯弓，身体稍微前倾，回程时手臂稍向上抬，在工件上滑回，如图 2-15 所示。

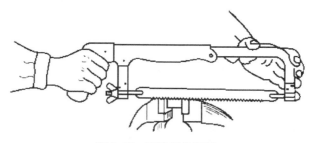

图 2-15　正确握持锯弓

3. 起锯

起锯是锯削工作的开始，起锯质量的好坏，直接影响着锯削的质量。起锯的方式有近起锯和远起锯两种，如图 2-16 所示。一般情况下采用远起锯，因为这种方法锯齿不易被卡住。

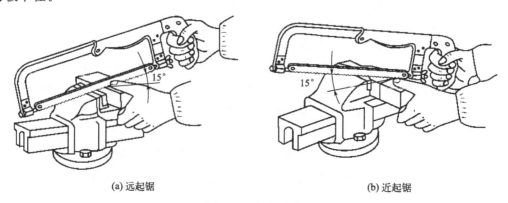

(a) 远起锯　　　　　　　　　　(b) 近起锯

图 2-16　起锯方式

锯的操作要点是"小""短""慢"。"小"指起锯时压力要小,"短"指往返行程要短,"慢"指速度要慢,这样可以使起锯平稳,为防止起锯时打滑,可用左手拇指靠稳锯条侧面作引导,如图 2-17 所示。

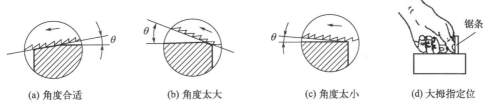

图 2-17 锯的操作要点

4. 锯削姿势

锯削时的站立姿势及身体摆动的角度与锉削姿势一样,如图 2-18 所示。

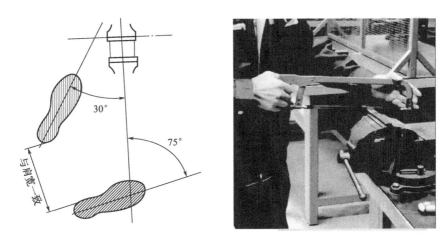

图 2-18 锯削姿势

5. 锯削运动方式

推锯时锯弓运动方式有两种:一种是直线运动,另一种是锯弓小幅度上下摆动。

① 直线运动。在推锯时,身体略向前倾,自然地压向锯弓,当推进大半行程时,身体随手推动锯弓,准备回程。回程时左手应把锯弓略微向上抬起一些,让锯条在工件上轻轻滑过,待身体回到初始位置。在整个锯削过程中应保持锯缝的平直,如有歪斜应及时校正,这种操作方式适于加工薄形工件及直槽。

② 摆动式操作。在锯弓推进时,锯弓可上下小幅度摆动,这种操作便于缓解手的疲劳。

6. 锯削压力

锯削时的推力和压力主要由右手控制,左手所加压力不要太大,主要起扶正锯弓的作用。手锯在回程中不施加压力,以免锯齿磨损。手锯推进时压力的大小应根据所锯工件材料的性质来定:锯削硬材料时,压力应大些,但要防止打滑;锯削软材料时,压力应小些，防止切入过深而产生咬住现象。

7. 锯削频率

锯削频率以每分钟 20～40 次为宜，锯削软材料时可快些，硬材料时要慢一些。频率过快，锯条容易磨损，过慢则效率不高，必要时可加水或乳化液进行冷却，以减少锯条的磨损。

8. 锯条操作的注意事项

① 锯削前要检查锯条的装夹方向和松紧程度。
② 锯削时压力不可过大，速度不宜过快，以免锯条折断伤人。
③ 锯削将完成时，用力不可太大以免该部分落下时砸脚。

四、实训操作

锯割、锉削方条的操作步骤如下。

① 锯割。取 8mm 厚、60mm 宽的板料进行锯削加工,以 60mm 为固定长度锯割加工一块宽 10mm±0.3mm 的方料。

② 锉削。加工方料至图 2-11 所示的尺寸,达到形位公差要求。

注意:锯割时,不许掉头接锯,锯割面不得锉削。

五、实训评价

请学习者和教师根据表 2-3 的实训评价内容进行学生自评和教师评价,并根据评分标准将对应的检测记录及得分填写于表中。

表 2-3 锯割、锉削实训评价表

项目	技术要求	评分标准/分	检测记录	学生自评/分	教师评价/分	累计得分/分
锯削练习	1. 符合锯削面平直度要求	20				
	2. 宽度为 10mm±0.3mm	20				
	3. 锯削操作姿势规范	5				
安全性	遵守安全文明生产规范	5				
总分						
姓名:		工号:		日期:		教师:

实训三 锉削

一、实训目的

① 掌握锉刀的种类和锉削工艺。
② 能够正确地使用锉刀。
③ 通过对工件的锉削,使工件达到工艺要求。
④ 培养学生良好的吃苦耐劳精神与职业素养。

二、料工准备

试件图如图 2-19 所示。

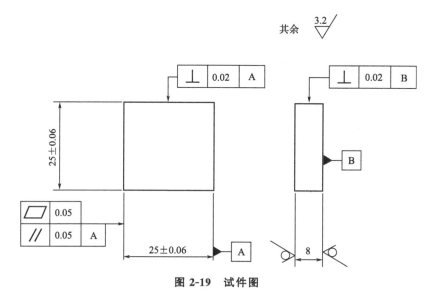

图 2-19 试件图

工具:粗锉刀、精锉刀、整形锉、刀口平尺、台虎钳等。

三、实训分析

1. 锉刀的构造

锉刀是用来手工锉削金属表面的一种钳工工具。锉刀由锉身和锉柄两部分组成。锉刀面是锉削的主要工作面。锉刀边是指锉刀的两个侧面,有的一边没齿(光边),有的其中一边有齿,如图 2-20 所示。

2. 锉刀的种类

① 普通钳工锉:分为板锉、方锉、三角锉、半圆锉和圆锉。
② 异形锉:分为刀口锉、菱形锉、扁三角锉、椭圆锉等。
③ 整形锉(什锦锉)用于修整工件细小部分的表面,根据截面形状分为齐头扁锉、

圆边尖扁锉等。

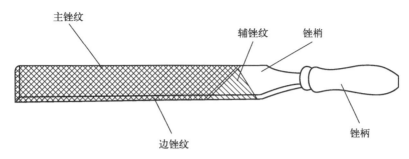

图 2-20 锉刀的结构示意图

3. 锉刀的规格

锉刀的规格分尺寸规格和齿纹的粗细规格。

① 尺寸规格：按长度可分为 100mm、150mm、250mm、300mm 四种。

② 粗细规格：按工作部分的锉纹密度（即每 10mm 长度内的主锉纹数目）可分为 1、2、3、4、5 号五种。

4. 锉刀的选用和保养

(1) 锉刀的选用

每种锉刀都有一定的用途，如果选择不当，就不能充分发挥它的效能，甚至会过早地丧失其切削能力。实际操作中，一般根据以下几个方面选择。

① 根据被锉削工件表面形状和大小来选择。

② 根据工件材料的性质、加工余量、加工精度和表面粗糙度要求来选择（粗锉刀一般用于锉削大余量、低精度、粗糙的工件，细锉刀则相反）。

(2) 锉刀的保养

① 有效利用锉削面，避免局部的磨损。

② 不能拿锉刀当装拆、敲击和撬物的工具，以防折断。

③ 锉刀用完后应用锉刷刷干净，防止锉削面生锈。

5. 锉削的正确姿势

① 站立姿势为两腿自然站立，身体重心稍微偏于后脚。身体与虎钳中心线大致成 45°角，且略向前倾；左脚跨前半步（左右两脚后跟之间的距离为 250～300mm），脚掌与虎钳成 30°角，膝盖处稍有弯曲，保持自然。右脚要站稳、伸直，不要过于用力，脚掌与虎钳成 75°角；视线要落在工件的切削部位上。

② 锉削动作。开始锉削时，人的身体向前倾斜 10°左右，左膝稍有弯曲，右肘尽量向后收缩；锉削前 1/3 行程中，身体前倾至 15°左右，左膝稍有弯曲；锉刀推出 2/3 行程时，右肘向前推进锉刀，身体逐渐向前倾斜 18°左右；锉刀推出全程（锉削最后 1/3 行程）时，右肘继续向前推进锉刀至尽头，身体自然地退回到 15°左右；推锉行程终止时，两手按住锉刀，把锉刀略微提起，使身体和手回复到开始的姿势，在不施加压力的情况下抽回锉刀，再如此进行下一次的锉削。锉削时，身体的重心要落在左脚上，右腿

伸直、左腿弯曲，身体向前倾斜，两脚站稳不动。锉削时靠左腿的曲伸使身体做往复运动。两手握住锉刀放在工件上面，左臂弯曲，小臂与工件锉削面的左右方向保持基本平行，右小臂要与工件锉削面的前后方向保持基本平行，但要自然，如图 2-21(a)~(d)所示。

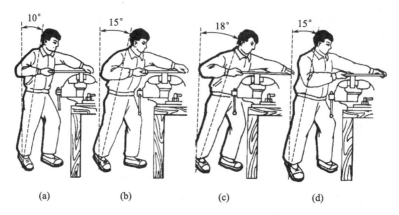

图 2-21　锉削的正确姿势

锉削行程中，身体先于锉刀一起向前，右脚伸直并稍向前倾，重心在左脚，左膝部呈弯曲状态；当锉刀锉至约 3/4 行程时，身体停止前进，两臂则继续将锉刀向前锉到头，同时，左腿自然伸直并随着锉削时的反作用力，将身体重心后移，使身体恢复原位，并顺势将锉刀收回；当锉刀收回将近结束，身体又开始先于锉刀前倾，做第二次锉削的向前运动。

平面锉削的姿势正确与否，对锉削质量、锉削力的运用和发挥及对操作时的疲劳程度都会有所影响。锉削姿势的正确掌握，必须从握锉、站立步位、姿势动作和操作用力几方面进行协调一致的反复练习才能达到。在练习姿势和动作时，要注意掌握两手用力变化的程度，使锉刀在工件上保持直线的平衡运动。

6. 锉刀操作注意事项

① 避免锉刀断裂和非正常磨损。

② 锉削过程中产生的锉屑不能用嘴吹，以免进入眼中，也不能用手抹，以免伤手及引起锉刀打滑。

③ 不能用无柄或破柄的锉刀锉削，以免锉到手或木刺伤手。

四、实训操作

加工边长 25mm±0.06mm 四方件的加工步骤如下。

① 使用钢直尺测量选取毛坯料，锯割、锉削出第一基准平面；使用 90°直角尺测量，加工出垂直基准平面。

② 使用 0～250mm 高度游标卡尺量出 25mm×25mm 加工界限。

③ 锯割分料（必须保留划线，否则作废），使用粗纹锉刀锉削工件至接近图 2-19 所示的尺寸。

④ 使用细纹扁锉修锉至尺寸公差范围（使用 0～125mm 游标卡尺测量），同时使用 90°直角尺测量保证各锉削面垂直度达标。

⑤ 去毛刺，复检，锐边倒钝。

五、实训评价

请学习者和教师根据表 2-4 的实训评价内容进行学生自评和教师评价，并根据评分标准将对应的检测记录及得分填写于表中。

表 2-4 锉削实训评价表

项目	技术要求	评分标准/分	检测记录	学生自评/分	教师评价/分	累计得分/分
加工四方件	1. 边长 25mm±0.06mm 四方件	20				
	2. 锉削面垂直度符合要求	10				
	3. 锉削面平整度为 $Ra3.2$	10				
	4. 锉削姿势操作规范	5				
安全性	遵守安全文明生产规范	5				
总分						
姓名：		工号：		日期：		教师：

模块思考

1. 划线的工具有哪些？
2. 划线基准的选择有哪三种？
3. 有几种起锯方式？
4. 锯削操作时频率应为多少？
5. 锉刀的种类有哪些？
6. 锉削操作时频率应为多少？

模块三 钻孔和铰孔

实训一 钻 孔

一、实训目的

① 掌握麻花钻的构成和标准麻花钻的切削角度。
② 了解工作场地台钻的规格、性能和使用方法。
③ 熟悉钻孔时转速的选择方法,并能进行一般孔的钻削加工。
④ 培养学生良好的吃苦耐劳精神与职业素养。

二、料工准备

试件图如图 3-1 所示。

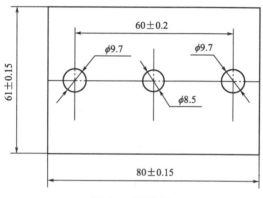

图 3-1 试件图

工具:Z4012 型台钻、$\phi 8.5$ 及 $\phi 9.7$ 麻花钻、游标卡尺、高度游标卡尺、90°直角尺、钢板尺、划针和样冲。

三、实训分析

用钻头在实体材料上加工孔叫钻孔。各种零件的孔加工,除去一部分由车、镗、铣等机床完成外,另外一部分是由钳工利用钻床和钻孔工具(钻头、扩孔钻、铰刀等)完成的。

在钻床上钻孔时,一般情况下,钻头应同时完成两个运动:主运动,即钻头绕轴线所做的旋转运动（切削运动）；辅助运动，即钻头沿着轴线方向对着工件所做的直线运动（进给运动）。钻孔时，由于钻头结构上存在的缺点，会影响加工质量，加工精度一般在IT10级以下，表面粗糙度为 $Ra12.5$ 左右，属粗加工。

1. 钻孔设备

常用的钻床设备有台式钻床、立式钻床和摇臂钻床三种，手电钻也是常用的钻孔工具。

① 台式钻床：简称台钻，其小巧灵活，使用方便，结构简单，在仪表制造、钳工和装配中用得较多，是一种在工作台上使用的小型钻床，主要用于加工小型工件上的各种小孔。其钻孔直径一般在13mm以下。由于加工的孔径较小，故台钻的主轴转速一般较高，最高转速每分钟可高达万转，最低亦在400r/min左右。主轴的转速可通过改变V带在带轮上的位置来调节。台钻的主轴进给通过转动进给手柄实现。在进行钻孔前，需根据工件高低调整好工作台与主轴架间的距离，并锁紧固定。

② 立式钻床：简称立钻。这类钻床的规格用最大钻孔直径表示。与台钻相比，立钻刚性好、功率大，因而允许钻削较大的孔，生产率较高，加工精度也较高，适用于单件、小批量生产中加工中、小型零件。

③ 摇臂钻床：它有一个能绕立柱旋转的摇臂，摇臂带着主轴箱可沿立柱垂直移动，同时主轴箱还能在摇臂上做横向移动。因此操作时能很方便地调整刀具的位置，以对准被加工孔的中心，而不需移动工件来进行加工。摇臂钻床适用于一些笨重的大工件及多孔工件的加工。

2. 钻孔用的夹具

钻孔用的夹具主要包括钻头夹具和工件夹具两种。

(1) 钻头夹具

① 钻夹头：适用于装夹直柄钻头。钻夹头柄部是圆锥面，可与钻床主轴内孔配合安装；头部三个爪可通过紧固扳手转动使其同时张开或合拢。

② 钻套：又称过渡套筒，用于装夹锥柄钻头。钻套一端孔安装钻头，另一端外锥面接钻床主轴内锥孔。

(2) 工件夹具

常用的工件夹具有手虎钳、平口钳、V形铁和压板等。装夹工件要牢固可靠，但又不能将工件夹得过紧而损伤工件，或使工件变形影响钻孔的质量（特别是薄壁工件和小工件）。

3. 钻头

钻头是钻孔用的切削工具，常用高速钢制造，工作部分经热处理淬硬至HRC62～65。一般钻头由柄部、颈部及工作部分组成。

(1) 柄部

柄部是钻头的夹持部分，起传递动力的作用，柄部有直柄和锥柄两种，直柄传递扭矩较小，一般用在直径小于12mm的钻头；锥柄可传递较大的扭矩（主要是靠柄的扁尾部分），用在直径大于12mm的钻头。

(2) 颈部

颈部是砂轮磨削钻头时退刀用的，钻头的规格、材料和商标一般也刻印在颈部。

(3) 工作部分

工作部分包括导向部分和切削部分。导向部分有两条狭长、螺纹形状的刃带（棱边亦即副切削刃）和螺旋槽。棱边的作用是引导钻头和修光孔壁；两条对称螺旋槽的作用是排除切屑和输送切削液（冷却液）。切削部分有两条主切削刃和一条柄刃。两条主切削刃之间夹角通常为118°±2°，称为顶角。

下面以麻花钻头为例，讲解钻头的结构和刃磨要点。

麻花钻头切削部分的构成。

① 麻花钻头的工作部分分为切削部分和导向部分（图3-2）。导向部分有两条狭长、螺纹形状的刃带（棱边亦即副切削刃）和螺旋槽。棱边的作用是引导钻头和修光孔壁；两条对称螺旋槽的作用是排除切屑和输送切削液（冷却液）。切削部分结构如图3-3所示，标准麻花钻头的切削部分由五刃（两条主切削刃、两条副切削刃和一条横刃）和六面（两个前刀面、两个后刀面和两个副后刀面）组成。

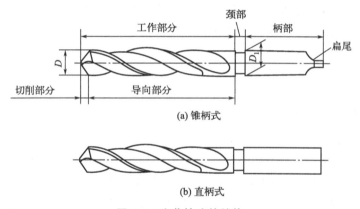

图 3-2 麻花钻头的结构

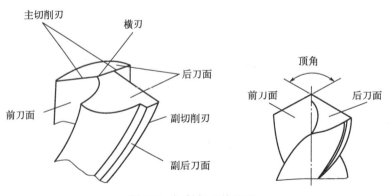

图 3-3 切削部分的构成

② 麻花钻头的刃磨。

a. 刃磨麻花钻的要求。

麻花钻的两条主切削刃、长度要相等，夹角要与钻头的轴心线对称。

横刃必须通过钻头中心。横刃斜角应为 50°～55°。

钻头必须锋利。主切削刃、刀尖与横刃不允许有钝口、崩刃或退火等现象。

横刃长度不宜过长。

b. 刃磨麻花钻头的方法。

钻头握持的方法是右手握住钻头的头部作支点，左手握住柄部，以钻头前端支点为圆心柄部做上下摆动，并略带旋转。刃磨顶角和后角的方法是操作者站在砂轮机侧面，与砂轮机回转平面成 45°。为保证顶角为 118°±2°，将主切削刃略高于砂轮水平中心面处先接触砂轮，右手缓慢地使钻头绕自己的轴线由下向上转动，同时施加适当的刃磨压力，使整个后面磨到，左手配合右手做缓慢的同步下压运动，刃磨压力逐渐加大，便于磨出后角。为保证钻头中心处磨出较大的后角，还应做适当的右移运动。刃磨时两手的配合要协调、自然，按此方法不断反复地将两后面交替以刃磨两后刀面，直至达到刃磨要求，如图 3-4 所示。

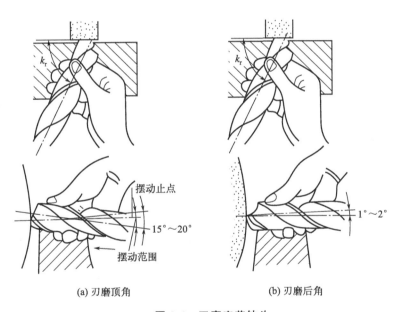

(a) 刃磨顶角　　(b) 刃磨后角

图 3-4　刃磨麻花钻头

修磨横刃。把横刃磨短，将钻心处前角磨大。通常 5mm 以上的麻花钻都需修磨，使修磨后的横刃长度为原长的 1/5～1/3。修磨方法，如图 3-5 所示。

c. 刃磨麻花钻时的注意事项。

刃磨时，用力要均匀，不能过猛，应经常目测磨削情况，随时修正。

当钻头将要磨好时，应由刃口向刃背方向磨，以免刃口退火。

刃磨时，应经常将钻头浸入水中进行冷却，避免过热退火。

③ 麻花钻头的安装。如图 3-6 和图 3-7 所示。

 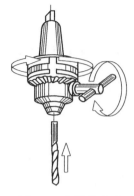 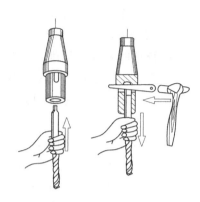

图 3-5　修磨横刃　　　　图 3-6　安装钻夹头　　　　图 3-7　安装锥柄麻花钻头

4. 常见问题产生的原因分析及解决方法

常见问题产生的原因分析及解决方法如表 3-1 所示。

表 3-1　钻孔常见问题产生的原因分析及解决方法

出现问题	产生原因	解决方案
孔径大于规定尺寸	钻头两切削刃长度不等,高低不一致	更换钻头或刃磨钻头
	钻床主轴径向偏摆或工作台未锁紧有松动	调整钻床
	钻头本身弯曲或装夹不好,使钻头有过大的径向跳动现象	更换钻头或重新装夹钻头
孔壁粗糙	钻头不锋利	重选钻头或刃磨钻头
	进给量太大	控制进给量
	切削液选用不当或供应不足	加强冷却
	钻头过短,排屑不畅	及时排屑
孔位置不准	工件划线不准,划线后没有复核	划线后要复核,划线误差过大时及时纠正,打样冲眼要准
	钻头横刃太长定心不准,起钻过偏而没有校正	刃磨钻头横刃,起钻要准
孔歪斜	钻孔平面与主轴不垂直或钻床主轴与台面不垂直	起钻前要检查机床,特别是以前没有使用过的钻床
	工件安装时,安装接触面上的切屑未清除干净	清除工作台面切屑
	工件装夹不牢,钻孔时产生歪斜,或工件内有砂眼	装夹工件要牢固
钻头折断	下压力过大,即进给量过大	正确操作,合理进给
	钻深孔时,切屑未排净,钻头排屑槽阻塞	钻孔要及时回退,及时断屑与排屑
	孔钻穿时没有减小进给量	钻穿时及时减力
	工件没有夹紧,突然倾斜	装夹工件要牢固
	钻头前角太大,扎刀引起折断	更换或重新刃磨钻头,减小前角
孔径方向呈现多角形	钻头后角过大,钻头两主切削刃不对称	正确选用和刃磨钻头
钻头磨损过快或刃口崩裂	切削速度太快,冷却不充分	充分冷却
	工件材料相对钻头过硬	正确选用钻头

四、实训操作

钻孔的操作步骤如下。

① 划线,确定孔的中心,在孔中心用冲头打出较大的中心眼。

② 先钻一个浅坑,以判断是否对中,然后开始钻孔。

③ 在钻削过程中,不断退出钻头以排出切屑和进行冷却,避免钻头过热磨损甚至折断,影响加工质量。

④ 当孔将被钻透时,进刀量要减小,避免钻头在钻穿时的瞬间抖动,出现"啃刀"现象,影响加工质量,损伤钻头,甚至发生事故。

⑤ 钻削时注意冷却润滑,钻削钢件时常用机油或乳化液,钻削铝件时常用乳化液或煤油,钻削铸铁时则用煤油。

五、实训评价

请学习者和教师根据表 3-2 的实训评价内容进行学生自评和教师评价,并根据评分标准将对应的检测记录及得分填写于表中。

表 3-2　钻孔实训评价表

项目	序号	技术要求	评分标准/分	检测记录	学生自评/分	教师评价/分	累计得分/分
钻孔	1	孔加工时间小于 20min	10				
	2	孔径及孔位正确	15				
	3	倒角正确	5				
	4	操作过程规范正确	10				
安全性	5	遵守安全文明生产规范	10				
总分							
姓名:		工号:		日期:		教师:	

实训二 铰 孔

一、实训目的

① 初步掌握铰孔的基本操作方法。
② 理解起铰、铰刀排屑和退出铰刀等过程中的注意事项。
③ 通过对工件的铰削使工件达到试件图工艺的要求。
④ 培养学生良好的吃苦耐劳的精神与职业素养。

二、料工准备

试件图如图3-8所示。

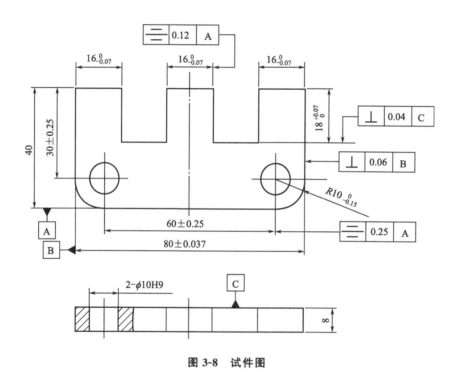

图3-8 试件图

工具：铰杠、铰刀、虎台钳等。

三、实训分析

1. 铰刀的结构与特点

对原有的孔用铰刀再进行少量的切削，以提高孔的精度和光洁度，这种加工方法称为铰孔。

按加工方式铰刀可分为手用铰刀和机用铰刀。其结构如图3-9和图3-10所示。

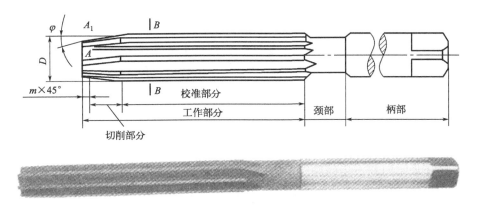

图 3-9 手用铰刀的结构

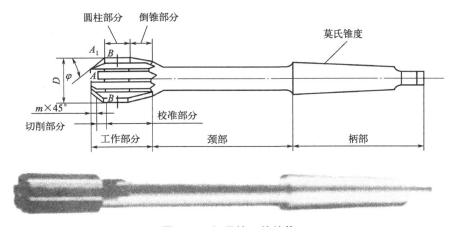

图 3-10 机用铰刀的结构

2. 铰削用量及方法

① 铰削余量。铰削余量是指上道工序（钻孔或扩孔）完成后，孔径方向留下的加工余量。一般根据孔径尺寸、孔的精度、表面粗糙度及材料的软硬和铰刀类型等选取，可参考表 3-3。

表 3-3 铰削余量选取表

铰孔直径/mm	<8	8～20	21～32	33～50	51～70
铰削余量/mm	0.1～0.2	0.15～0.25	0.2～0.3	0.3～0.5	0.5～0.8

② 机铰的铰削速度和进给量。铰削钢材时，切削速度 $v<8m/min$，进给量 $f=0.4mm/r$；铰削铸铁时，切削速度 $v<10m/min$，进给量 $f=0.8mm/r$。

③ 铰孔时的切削液。铰孔时，应根据零件材质选用切削液进行润滑和冷却，以减少摩擦和发热，同时将切屑及时冲掉。

④ 铰圆锥孔的方法。铰尺寸较小的圆锥孔时，应先按圆锥孔的小头直径尺寸钻孔，再用圆锥铰刀铰孔；铰尺寸较大和较深的圆锥孔时，先钻出阶梯孔，然后进行铰孔。在铰孔过程中，应经常用与锥孔相配的锥销进行检查。一般塞入的长度为孔深的 80%～85% 即可。

3. 铰孔操作的注意事项

① 铣床上装夹铰刀,要防止铰刀偏摆,否则铰出的孔径会出现偏差。
② 退出工件时不能停车,要等到铰刀退离出工件后再停车。
③ 铰刀的轴线与钻、扩后孔的轴线要同轴,故最好钻、扩、铰连续进行操作。
④ 铰刀是精加工刀具,用完后要擦净、加油,放置时要防止碰坏铰刀。

4. 手工铰孔加工问题产生的原因及解决方法

手工铰孔加工问题产生的原因及解决方法见表 3-4。

表 3-4 手工铰孔加工问题产生的原因及解决方法

问题	原因	解决方法
孔径增大、误差大	铰刀的质量问题,如外径尺寸偏大或铰刀刃口有毛刺	选择符合要求的铰刀
	切削速度过高	降低切削速度
	进给量不当或加工余量过大	适当调整进给量或减少加工余量
	铰刀弯曲	更换铰刀
	铰刀刃口上黏附着切屑瘤	选择冷却性能较好的切削液
	切削液选择不合适	铰孔时两手用力尽量均匀,尽量不使铰刀左右晃动
	铰孔时两手用力不均匀,使铰刀左右晃动	
孔径缩小	铰刀的质量问题,铰刀外径尺寸已磨损	更换铰刀
	切削速度过低	适当提高切削速度
	进给量过大	适当降低进给量
	切削液选择不合适	选择润滑性能好的油性切削液
	铰钢件时,余量太大或铰刀不锋利,易产生弹性恢复,使孔径缩小	设计铰刀尺寸时,应考虑上述因素,或根据实际情况取值
铰出的孔不圆	铰孔时两手用力不均匀,使铰刀左右晃动	铰孔时两手用力尽量均匀,尽量不使铰刀左右晃动
孔表面粗糙度值大	切削速度过快	降低切削速度
	切削液选择不合适	根据加工材料选择切削液
	铰削余量太大	适当减小铰削余量
	铰削余量不均匀或太小,局部表面未铰到	提高铰孔前底孔位置精度与质量或增加铰削余量
	铰刀刃口不锋利,表面粗糙	选用合格铰刀
	铰刀刃带过宽	修磨刃带宽度
	铰孔时排屑不畅	及时清除切屑
	铰刀过度磨损	定期更换铰刀或及时刃磨铰刀
	铰刀碰伤,刃口留有毛刺或崩刃	使用及运输过程中,避免碰伤
	刃口有积屑瘤	及时修磨好,或更换铰刀
铰刀刀齿崩刃	铰削余量过大	减小铰削余量
	工件材料硬度过高	降低材料硬度或改用负前角铰刀或硬质合金铰刀
	切削时用力不均匀	切削时用力均匀
	铰深孔或盲孔时,切屑未及时清除	铰深孔或盲孔时,及时清除切屑
	刃磨时刀齿已磨裂	注意刃磨质量

四、实训操作

铰孔的操作步骤如下：

① 检查坯料情况，做必要的修整。
② 锉削外形尺寸为 80mm±0.037mm，达到尺寸形位公差要求。
③ 按对称形体划线方法划出凸台各加工面的尺寸线。
④ 钻孔去除余料并粗锉接近加工线。
⑤ 分别锉削三凸台，达到试件图纸的要求。
⑥ 划 $R10$ 圆弧线和孔距尺寸线。
⑦ 钻、铰孔。
⑧ 锉削 $R10$ 圆弧，达到尺寸要求。
⑨ 去毛刺，全面复检。

注意：锉削中间凸台应根据 80mm 实际尺寸，通过控制左右与外形尺寸误差值来保证对称；圆弧连接应圆滑；钻孔时工件夹持应牢固。

五、实训评价

请学习者和教师根据表 3-5 的实训评价内容进行学生自评和教师评价，并根据评分标准将对应的检测记录及得分填写于表中。

表 3-5 铰孔实训评价表

项目	考核要求	评分标准/分	检测记录	学生自评/分	教师评价/分	累计得分/分
锉削	外形尺寸 80mm±0.037mm	2				
	$16_{-0.07}^{0}$(3 处)	2.5×3				
	$18_{0}^{+0.07}$(2 处)	2.5×2				
	$R10_{-0.15}^{0}$(2 处)	2.5×2				
	⌀ 0.12 A	2				
	⊥ 0.06 B	2				
	⊥ 0.04 C(10 处)	0.5×10				
铰孔	$Ra3.2$(10 处)	0.5×10				
	2-φ10H9	1×2				
	30mm±0.25mm	2				
	60mm±0.25mm	3				
	⌀ 0.2 A	3				
	$Ra1.6$(2 处)	1×2				
安全性	遵守安全文明生产规范	4.5				
总分						
姓名： 工号： 日期： 教师：						

模块思考

1. 标准麻花钻的顶角值为多少？
2. 刃磨麻花钻的要求有哪些？
3. 操作钻床时应注意哪些安全规范？
4. 铰刀的种类有哪些？
5. 机铰的铰削速度和进给量如何选取？
6. 铰孔操作的注意事项有哪些？

模块四　錾削、攻螺纹和套螺纹

实训一　錾　削

一、实训目的

① 使学生掌握錾子和手锤的握法。
② 掌握錾削的正确姿势，动作协调。
③ 掌握錾削时的安全规范。
④ 培养学生的吃苦耐劳精神与职业素养。

二、料工准备

试件如图 4-1 所示。

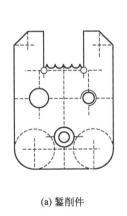

(a) 錾削件

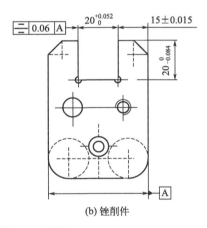

(b) 锉削件

图 4-1　试件

工具：各类錾子和手锤。

三、实训分析

1. 錾削的概念与工具

錾削是利用手锤敲击錾子对工件进行切削加工。

工具如图 4-2 所示。

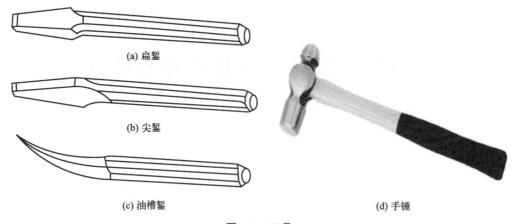

图 4-2 工具

① 錾子。材料：T7A 或 T8A；种类：扁錾、尖錾和油槽錾。

② 手锤。手锤由锤头和锤柄组成。锤头一般由碳素工具钢制成，并经过热处理淬硬。在锤头的木柄里有一楔铁，为保证安全，在使用前要检查锤头是否有松动，若有松动，及时修整楔铁，以防锤头脱落、伤人。锤柄一般由坚硬的木材制成，且粗细和强度应该适当，应和锤头的大小相称。手锤规格通常以锤头的质量来表示，分 0.25kg、0.5kg、0.75kg、1kg 等几种。

2. 手持工具的方式方法

錾子的握法分为正握法、反握法和立握法，如图 4-3 所示。

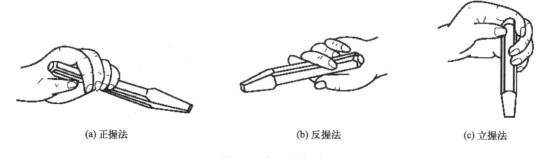

图 4-3 錾子的握法

手锤的握法如图 4-4 所示。

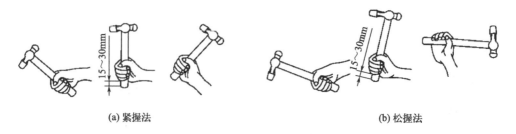

图 4-4 手锤的握法

3. 錾子的刃磨角度要求

錾子的切削部分由前刀面、后刀面、切削刃、基面及切削平面组成，如图 4-5 所示。

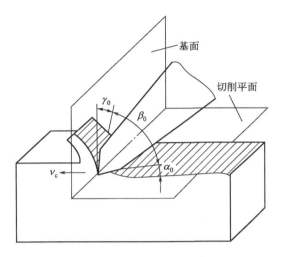

图 4-5 錾削的切削角度

前刀面：切屑流经的表面。
后刀面：与切削平面相对的表面。
切削刃：前刀面与后刀面的交线。
基面：通过切削刃上任一点与切削速度垂直的平面。
切削平面：通过切削刃任一点与切削表面相切的平面。

楔角 β_0：錾子前刀面与后刀面之间的夹角称为楔角。楔角大小对錾削有直接影响，楔角越大，切削部分强度越高，錾削阻力越大。所以选择楔角大小应在保证足够强度的情况下，尽量取小的数值。

a. 硬度较高材料，$\beta_0 = 60° \sim 70°$。
b. 錾削中等硬度材料，$\beta_0 = 50° \sim 60°$。
c. 錾削铜、铝软材料，$\beta_0 = 30° \sim 50°$。

后角 α_0：后刀面与切削平面之间的夹角称为后角，后角的大小由錾削时錾子被掌握的位置决定。一般取 $5° \sim 8°$，作用是减小后刀面与切削平面之间的摩擦，如图 4-6 所示。

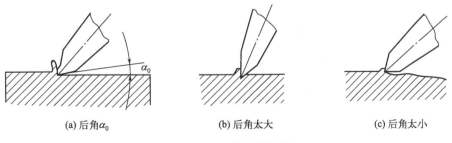

(a) 后角 α_0　　　　(b) 后角太大　　　　(c) 后角太小

图 4-6 后角对錾削的影响

前角 γ_0：前刀面与基面之间的夹角，作用是錾切时减小切屑的变形。前角越大，錾切越省力。

由于基面垂直于切削平面，存在 $\alpha_0+\beta_0+\gamma_0=90°$ 关系，当后角 α_0 一定时，前角 γ_0 的数值由楔角 β_0 的大小决定。

4. 錾削的加工方法

(1) 錾平面

錾削平面时，主要采用扁錾。开始錾削时应从工件侧面的尖角处轻轻起錾。起錾后，再把錾子逐渐移向中间，使切削刃的全宽参与切削。錾削较宽平面时，应先用窄錾在工件上錾若干条平行槽，再用扁錾将剩余部分錾去。錾削较窄平面时，应使切削刃与錾削方向倾斜一定角度。錾削余量一般为每次 0.5～2mm。錾削平面如图 4-7 所示。

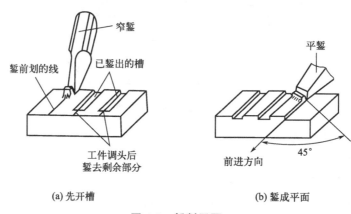

图 4-7　錾削平面

(2) 錾油槽

錾油槽前，首先要根据油槽的断面形状对油槽錾的切削部分进行准确刃磨，再在工件表面准确划线，最后一次錾削成形。也可以先錾出浅痕，再一次錾削成形。錾油槽时，要先选与油槽同宽的油槽錾錾削。必须使油槽錾得深浅均匀、表面平滑，如图 4-8 所示。

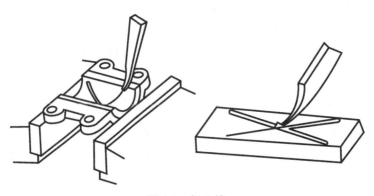

图 4-8　錾油槽

(3) 錾断

① 在铁砧或平板上錾断 [图 4-9(a)]。

② 用密集排孔配合錾断 [图 4-9(b)]。

③ 在台虎钳上錾断 [图 4-9(c)]。

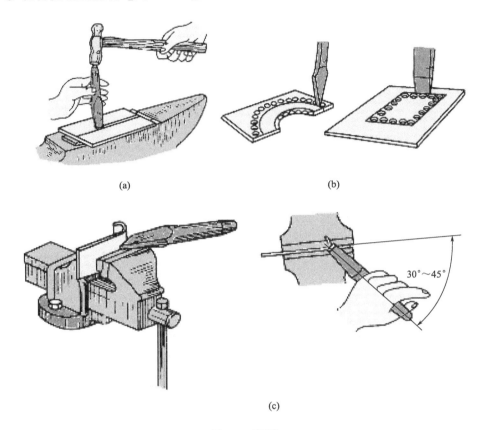

图 4-9 錾断

5. 錾削操作的注意事项

① 先检查錾口是否有裂纹。

② 检查锤子手柄是否有裂纹，锤子与手柄是否有松动。

③ 不要正面对着人操作。

④ 錾头不能有毛刺。

⑤ 操作时不能戴手套，以免打滑。

⑥ 錾削临近终结时要减力锤击，以免用力过猛伤手。

⑦ 凸件加工一定要准确，同时要保证各加工面与大平面的垂直度。

⑧ 在试配过程中，不能用手锤敲击。

6. 錾削操作避免的错误姿势

下面所列几种错误姿势，必须注意避免。

① 手锤握得过紧、过短，挥锤速度太快。
② 挥锤时手锤不是向后挥而是向上举，或挥动幅度太小，使锤击无力。
③ 挥锤时由于手指、手腕、肘部动作不协调，造成锤击力小，操作易疲劳。
④ 手锤锤击力的作用方向与錾子方向不一致，使手锤偏离錾子，容易敲在手上。
⑤ 锤击时不靠腕、肘的挥动，而是单纯用手臂向前推，造成动作不自然，锤击力也小。
⑥ 站立位置和身体姿势不正确，而使身体向后仰或向前弯。

四、实训操作

1. 工艺准备

(1) 图样分析

由图样可知，U形板錾削排孔是比较简单的，要求扁錾的宽度略小于凹槽的宽度即可。錾削完成后是锉削工作，要点是尺寸 15mm±0.015mm 先锉削，以保证对称度要求。

(2) 工量具准备

扁錾、手锤、专用棒、锉刀、游标卡尺、千分尺等。

2. 加工步骤

(1) 錾削

① 检查排孔质量。

② 直接錾断：用扁錾直接錾在排孔中心处，使孔之间产生断裂，也可双面都錾，更容易去除余料。

③ 不直接錾断：即錾削后夹在台虎钳上，用榔头和专用长棒敲击去除余料。

(2) 锉削

① 粗锉凹槽三面，留精锉余量。

② 锉削 15mm±0.015mm，以保证对称度要求。

③ 锉削 $20_{0}^{+0.052}$。

④ 精锉深度 $200_{-0.084}^{0}$。

五、实训评价

请学习者和教师根据表 4-1 的实训评价内容进行学生自评和教师评价，并根据评分标准将对应的检测记录及得分填写于表中。

表 4-1 錾削实训评价表

项目	考核要求	评分标准/分	检测记录	学生自评/分	教师评价/分	累计得分/分
錾削	1. 排孔间距符合要求	10				
	2. 握锤及錾削姿势正确	10				
	3. 锉削 $20_{0}^{+0.052}$	10				
	4. 精锉深度 $200_{-0.084}^{0}$	10				
安全性	安全文明及现场管理	10				
总分						
姓名：		工号：		日期：		教师：

实训二 攻螺纹和套螺纹

一、实训目的

① 掌握孔加工的方法和相关基本知识，能够正确分析螺纹加工出现的问题及产生的原因和解决方法。
② 掌握螺纹加工的方法和相关工艺计算。
③ 能够加工六角螺母。
④ 培养学生良好的吃苦耐劳精神与职业素养。

二、料工准备

试件图如图 4-10 所示。

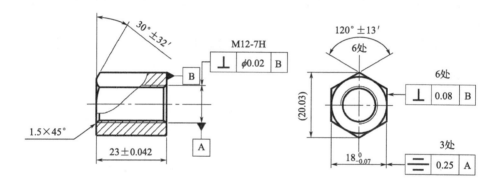

图 4-10 试件图

坯料：$\Phi12\times30$。

三、实训分析

1. 攻螺纹

每副模具都有大量的螺纹孔，其中大部分的螺纹孔是连接用的，一般都采用攻螺纹的方法加工。

(1) 攻螺纹的工具

① 丝锥。丝锥是模具钳工加工内螺纹的工具，分手用丝锥和机用丝锥两种，有粗牙和细牙之分。手用丝锥一般用合金工具钢或轴承钢制造，机用丝锥用高速钢制造。

a. 丝锥的构造。丝锥由工作部分和柄部两部分组成，如图 4-11 所示。柄部有方榫，用来传递转矩，工作部分包括切削部分和校准部分。

切削部分担负主要切削工作，沿轴向方向开有几条容屑槽，形成切削刃和前角，同时能容纳切屑。在切削部分前端磨出锥角，使切削负荷分布在几个刀齿上，从而使切削

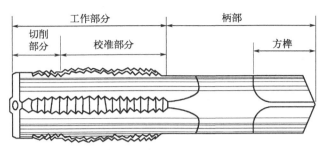

图 4-11 丝锥的构造

省力,刀齿受力均匀,不易崩刃或折断,丝锥也容易正确切入。

校准部分有完整的齿形,用来校准已切出的螺纹,并保证丝锥沿轴向运动。校准部分有 (0.05~0.12)mm/100mm 的倒锥,以减小与螺孔的摩擦。

b. 丝锥前角。校准丝锥的前角 $g_0=8°\sim10°$,为了适应不同的工件材料,前角可在必要时做适当增减,如表 4-2 所示。

表 4-2 丝锥前角的选择

被加工材料	铸青铜	铸铁	硬钢	黄铜	中碳钢	低碳钢	不锈钢	铝合金
前角 g_0	0°	5°	5°	10°	10°	15°	15°~20°	20°~30°

c. 成套丝锥。手用丝锥为了减少攻螺纹时的切削力和提高丝锥的使用寿命,在攻螺纹时将整个切削量由几支丝锥共同担负,故 M6~M24 的丝锥一套有 2 支,M6 以下及 M24 以上的丝锥一套有 3 支。

在成套丝锥中,切削量的分配有两种形式,即锥形分配和柱形分配。

锥形分配如图 4-12(a) 所示,每套中丝锥的大径、中径、小径都相等,只是切削部分的长度及锥角不同。头锥的切削部分长度为 5~7 个螺距,二锥切削部分长度为 2~4 个螺距,三锥切削部分长度为 1.5~2 个螺距。

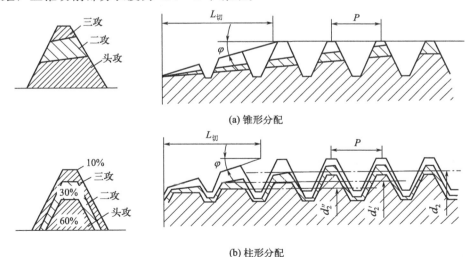

图 4-12 丝锥切削量分配示意图

柱形分配如图 4-12(b) 所示,柱形分配其头锥、二锥和三锥。头锥、二锥的中径一样,大径不一样,头锥的大径小,二锥的大径大,二锥的大径、中径、小径都比三锥小。柱形分配的丝锥,其切削量分配比较合理,可使每支丝锥磨损均匀,使用寿命长,攻丝时较省力。同时因末锥的两侧刃也参加切割,所以螺纹表面粗糙度较小,但在攻丝时丝锥顺序不能搞错。

大于或等于 M12 的手用丝锥采用柱形分配,小于 M12 的手用丝锥采用锥形分配,所以攻 M12 或 M12 以上的通孔螺纹时,最后一定要用末锥攻过才能得到正确的螺纹直径。

② 铰杠。铰杠是用来夹持丝锥柄部的方榫,带动丝锥旋转切削的工具。铰杠有普通铰杠和丁字铰杠两类,各类铰杠又分为固定式和活络式两种,如图 4-13 所示。

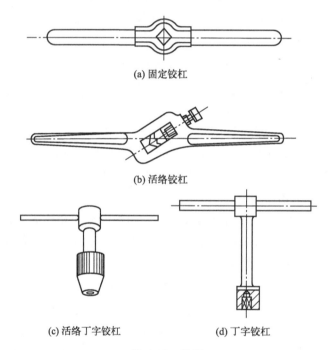

图 4-13 铰杠

固定式铰杠的方孔尺寸与导板的长度应符合一定的规格,使丝锥受力不致过大,以防折断。固定铰杠一般在攻 M5 以下螺纹时使用。

活络式铰杠的方孔尺寸可以调节,故应用广泛。活络式铰杠的规格以其长度表示,使用时根据丝锥尺寸一般按表 4-3 所列范围选用。

表 4-3 活络式铰杠适用丝锥的范围

活络式铰杠规格/mm	6	9	11	15	19	24
适用丝锥范围	M5~M8	M8~M12	M12~M14	M14~M16	M16~M22	M24 以上

丁字铰杠则在攻工件台阶旁边或攻机体内部的螺孔时使用。丁字可调节铰杠是通过一个四爪的弹簧夹头来夹持不同尺寸的丝锥，一般用于 M6 以下丝锥。大尺寸的丝锥一般用固定式铰杠，通常是按需要制成专用的。

(2) 攻螺纹的方法

攻螺纹前首先应确定螺纹底孔的直径，并掌握正确的操作方法。

① 底孔直径的确定。攻螺纹时，每个切削刃一方面在切削金属，一方面也在挤压金属，因而会产生金属凸起并向牙尖流动的现象，被丝锥挤出的金属会卡住丝锥甚至将其折断，因此底孔直径应比螺纹小径略大，这样挤出的金属流向牙尖正好形成完整的螺纹，又不易卡住丝锥，如图 4-14 所示。

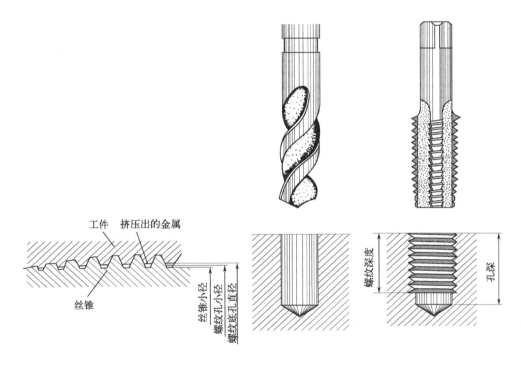

图 4-14 攻螺纹时的挤压现象

确定底孔直径的尺寸要根据工件的材料和螺纹直径尺寸来考虑，其方法用表 4-4 经验公式得出或可查表 4-5～表 4-7。

表 4-4 加工普通螺纹前钻底孔钻头直径的计算公式

被加工材料和扩张量	钻头直径计算公式
钢和其他塑性大的材料，扩张量中等	底孔直径＝螺纹大径－螺距
铸铁和其他塑性小的材料，扩张量较小	底孔直径＝螺纹大径－1.05 倍螺距

表 4-5 攻普通螺纹钻底孔的钻头直径　　　　　　　　　　　　单位：mm

螺纹直径 D	螺距 P	钻头直径 铸铁青铜黄铜	钻头直径 钢、可锻铸铁紫铜层压板	螺纹直径 D	螺距 P	钻头直径 铸铁青铜黄铜	钻头直径 钢、可锻铸铁紫铜层压板
2	0.4	1.6	1.6	14	2	11.8	12
	0.25	1.75	1.75		1.5	12.4	12.5
2.5	0.45	2.05	2.05		1	12.9	13
	0.35	2.15	2.15	16	2	13.8	14
3	0.5	2.5	2.5		1.5	14.4	14.5
	0.35	2.65	2.65		1	14.9	15
4	0.7	3.3	3.3	18	2.5	15.3	15.5
	0.5	3.5	3.5		2	15.8	16
5	0.8	4.1	4.2		1.5	16.4	16.5
	0.5	4.5	4.5		1	16.9	17
6	1	4.9	5	20	2.5	17.3	17.5
	0.75	5.2	5.2		2	13.7	18
8	1.25	6.6	6.7		1.5	18.4	18.5
	1	6.9	7		1	18.9	19
	0.75	7.1	7.2	22	2.5	19.3	19.5
10	1.5	8.4	8.5		2	19.8	20
	1.25	8.6	8.7		1.5	20.4	20.5
	1	8.9	9		1	20.9	21
	0.75	9.1	9.2	24	3	20.7	21
12	1.75	10.1	10.2		2	21.8	22
	1.5	10.4	10.5		1.5	22.4	22.5
	1.25	10.6	10.7		1	22.9	23
	1	10.9	11				

表 4-6 英制螺纹、圆柱管螺纹攻螺纹前钻底孔的钻头直径

英制螺纹				圆柱管螺纹		
螺纹直径 /in	每 1in 牙数	钻头直径/mm 铸铁,青铜,黄铜	钻头直径/mm 钢,可锻铸铁	螺纹直径 /in	每 1in 牙数	钻头直径 /mm
3/16	24	3.8	3.9	1/8	28	8.8
1/4	20	5.1	5.2	1/4	19	11.7
5/16	18	6.6	6.7	3/8	19	15.2
3/8	16	8	8.1	1/2	14	18.6
1/2	12	10.6	10.7	3/4	14	24.4
5/8	11	13.6	13.8	1	11	30.6
3/4	10	16.6	16.8	$1\frac{1}{4}$	11	39.2
7/8	9	19.6	19.7	$1\frac{3}{8}$	11	41.6
1	8	22.3	22.5	$1\frac{1}{2}$	11	45.1

注：1in=25.4mm。

表 4-7 圆锥管螺纹攻螺纹前钻底孔的钻头直径

55°圆锥管螺纹			60°圆锥管螺纹		
公称直径/in	每1in牙数	钻头直径/mm	公称直径/in	每1in牙数	钻头直径/mm
1/8	28	8.4	1/8	27	8.6
1/4	19	11.2	1/4	18	11.1
3/8	19	14.7	3/8	18	14.5
1/2	14	18.3	1/2	14	17.9
3/4	14	23.6	3/4	14	23.2
1	11	29.7	1	$11\frac{1}{2}$	29.2
$1\frac{1}{4}$	11	38.3	$1\frac{1}{4}$	$11\frac{1}{2}$	37.9
$1\frac{1}{2}$	11	44.1	$1\frac{1}{2}$	$11\frac{1}{2}$	43.9
2	11	55.8	2	$11\frac{1}{2}$	56

注：1in＝25.4mm。

② 攻螺纹操作的注意事项。

a. 钻底孔：确定底孔直径，可查表 4-5～表 4-7，也可用公式计算确定底孔直径，选用钻头。

b. 孔口倒角：钻孔后孔口倒角（攻通孔时两面孔口都应倒角），90°锪倒角，如图 4-15 所示，使倒角的最大直径和螺纹的公称直径相等，便于起锥，最后一道螺纹不至于在丝锥穿出来的时候崩裂。

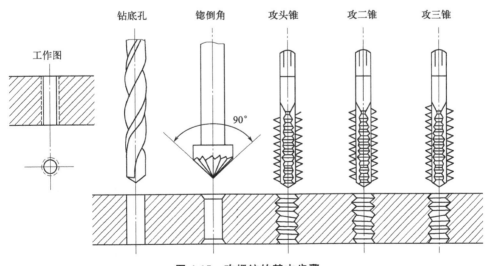

图 4-15 攻螺纹的基本步骤

c. 装夹工件：通常工件夹持在虎钳上攻螺纹，但较小的工件可以放平，左手握紧工件，右手使用铰杠攻螺纹。

d. 选铰杠：按照丝锥柄部的方头尺寸来选用铰杠。

e. 攻头锥：攻螺纹时丝锥必须尽量放正，与工件表面垂直，如图 4-16 所示。攻螺纹开始时，用手掌按住丝锥中心，适当施加压力并转动铰杠。开始起削时，两手要加适当压力，并按顺时针方向（右旋螺纹）将丝锥旋入孔内。当起削刃切进后，两手不要再加压力，只用平稳的旋转力将螺纹攻出，如图 4-17 所示。在攻螺纹中，两手用力要均衡，旋转要平稳，每旋转 1/2～1 周时，将丝锥反转 1/4 周，以割断和排除切屑，防止切屑堵塞屑槽，造成丝锥的损坏和折断。

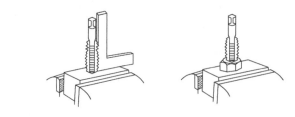

图 4-16　丝锥找正方法

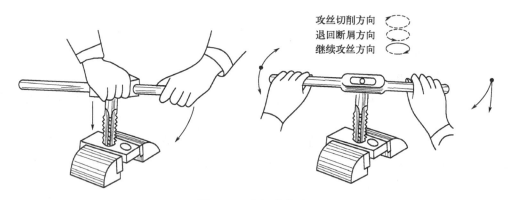

图 4-17　攻螺纹方法

f. 攻二锥、攻三锥：攻头锥后，再用攻二锥、攻三锥扩大及修光螺纹。攻二锥、攻三锥必须先用手将丝锥旋进已攻过的螺纹中，使其得到良好的引导后，再用铰杠。按照上述方法，前后旋转直到攻螺纹完成为止。

g. 攻不通孔：攻不通孔时，要经常退出丝锥，排出孔中切屑。当要攻到孔底时，更应及时排出孔底积屑，以免攻到孔底丝锥被轧住。

h. 攻通孔螺纹：丝锥校准部不应全部攻出头，否则会扩大或损坏孔口最后几道螺纹。

i. 丝锥退出：退出丝锥时，应选用铰杠带动螺纹平稳地反向转动。当能用手直接旋动丝锥时，应停止使用铰杠，以防铰杠带动丝锥退出时，产生摇摆和震动，破坏螺纹表面的粗糙度。

j. 换用丝锥：在攻螺纹过程中，换用另一支丝锥时，应先用手握住另一支丝锥并旋入已攻出的螺纹中，直到用手旋不动时，再用铰杠进行攻螺纹。

k. 攻塑性材料的螺孔：攻螺孔时，要加切削液，以减少切削阻力和提高螺孔的表面质量，延长丝锥的使用寿命。一般用机油或浓度较大的乳化液，精度要求高的螺孔也可用菜油或二硫化钼等。

③ 攻螺纹时产生废品的原因及解决方法。攻螺纹时产生废品的原因及解决方法如表 4-8 所示。

表 4-8 攻螺纹时产生废品的原因及解决方法

废品形式	产生原因	解决方法
螺纹乱扣、断裂、撕破	1. 底孔直径太小,丝锥攻不进使孔口乱扣 2. 头锥攻过后,攻二锥时,放置不正,头锥、二锥中心不重合 3. 螺纹孔攻歪斜很多,而用丝锥强行"找正"仍找不过来 4. 低碳钢及塑性好的材料,攻螺纹时没用冷却润滑液 5. 丝锥切削部分磨钝	1. 认真检查底孔,选择合适的底孔钻头,将孔扩大再攻 2. 先用手将二锥旋入螺纹孔内,使头锥、二锥中心重合 3. 保持丝锥方向与底孔中心一致,操作中两手用力均衡,偏斜太多不要强行找正 4. 应选用冷却润滑液 5. 将丝锥后角修磨锋利
	1. 丝锥与工件端平面不垂直 2. 铸件内有较大砂眼 3. 攻螺纹时两手用力不均衡	1. 起削时要使丝锥与工件端平面成垂直,要注意检查与校正 2. 攻螺纹前注意检查底孔,如砂眼太大,不宜攻螺纹 3. 始终保持两手用力均衡,不要摆动
螺纹高度不够	攻螺纹底孔直径太大	正确计算与选择攻螺纹底孔直径与钻头直径

2. 套螺纹

用板牙在圆杆或管子上切削加工外螺纹的方法称为套螺纹（套丝）。

(1) 套螺纹工具

① 板牙。

a. 圆板牙：是加工外螺纹的工具，由切削部分、校准部分和排屑孔组成，其外形像一个圆螺母，在它上面钻有几个排屑孔（一般 3～8 个孔，螺纹直径大则孔多）形成刀刃，如图 4-18 所示。

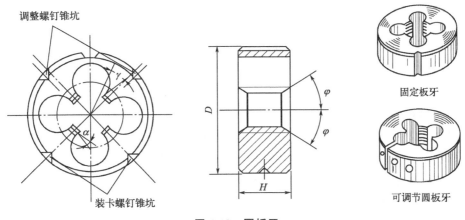

图 4-18 圆板牙

圆板牙两端的锥角部分是切削部分，切削部分不是圆锥面（圆锥面的刀齿后角是经过铲磨而成的阿基米德旋面），形成后角 $\alpha=7°\sim9°$。锥角的大小，一般是 $\varphi=20°\sim25°$。圆板牙的前刀面就是圆孔的部分曲线，故前角数值沿着切削刃而变化。在小径处前角最大，大径处前角最小。一般 8°～12°，粗牙 30°～35°，细牙 25°～30°。

板牙的中间一段是校准部分，也是套螺纹时的导向部分。

板牙的校准部分因磨损会使螺纹尺寸变大而超出公差范围。因此为延长板牙的使用寿命，M3.5 以上的圆板牙，其外圆上面的 V 形通槽，可用锯片砂轮切割出一条通槽，此时 V 形通槽成为调整槽。板牙上面有两个调整螺钉的偏心锥坑，使用时可通过铰杠的紧定螺钉挤紧时与锥坑单边接触，使板牙孔径尺寸缩小，其调节范围为 0.1～0.25mm。若在 V 形通槽开口处旋入螺钉，能使板牙孔径尺寸增大。

板牙两端都有切削部分，待一端磨损后，可换另一端使用。

b. 管螺纹板牙。管螺纹板牙分圆柱管螺纹板牙和圆锥管螺纹板牙。圆柱管螺纹板牙的结构与圆板牙相仿。圆锥管螺纹板牙的基本结构也与圆板牙相仿。只是在单面制成切削锥，只能单面使用。圆锥管螺纹板牙所有刀刃均参加切削，所以切削时很费力。板牙的切削长度影响圆锥管螺纹牙形尺寸，因此套螺纹时要经常检查，不能使切削长度超过太多，只要相配件旋入后能满足要求就可以了。

② 板牙铰杠：是手工套螺纹时的辅助工具，如图 4-19 所示。板牙纹杠外圆旋有四只紧定螺钉和一只调整螺钉。使用时，紧定螺钉将板牙紧固在绞杠中，并传递套螺纹的转矩。当使用的圆板牙带有 V 形通槽时，通过调节上面两只紧定螺钉和一只调整螺钉，可使板牙在一定范围内变动。

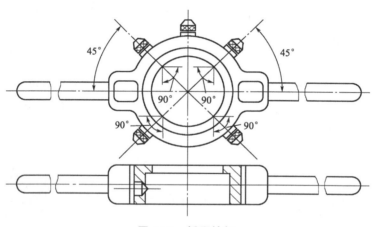

图 4-19 板牙铰杠

(2) 套螺纹的方法

① 套螺纹前圆杆直径的确定：与丝锥攻螺纹一样，用板牙在工件上套螺纹时，材料同样因受到挤压而变形，牙顶将被挤高一些，因此圆杆直径应稍小于螺纹大径的尺寸。圆杆直径可根据螺纹直径和材料的性质，参照表 4-9 选择。一般硬质材料直径可大些，软质材料可稍小些。

套螺纹圆杆直径也可用经验公式来确定。

$$d_{杆}=d-0.13p$$

式中　$d_{杆}$——套螺纹前圆杆直径，mm；

　　　d——螺纹大径，mm；

p——螺距，mm。

表 4-9 板牙套螺纹时圆杆的直径

螺纹直径/mm	螺距/mm	螺杆直径	
		最小直径/mm	最大直径/mm
6	1	5.8	5.9
8	1.25	7.8	7.9
10	1.5	9.75	9.85
12	1.75	11.75	11.9
14	2	13.7	13.85
16	2	15.7	15.85
18	2.5	17.7	17.85
20	2.5	19.7	19.85
22	2.5	21.7	21.85
24	3	23.65	23.8
27	3	26.65	26.8
30	3.5	29.6	29.8
36	4	35.6	35.8
42	4.5	41.55	41.75
48	5	47.5	47.7
52	5	51.5	51.7
60	5.5	59.45	59.7
64	6	63.4	63.7
68	6	67.4	67.7

② 套螺纹操作的注意事项。

a. 为使板牙容易对准工件和切入工件，圆杆端都要倒成圆锥斜角为15°～20°锥体，如图4-20所示。锥体的最小直径可以略小于螺纹小径，使切出的螺纹端部避免出现锋口和卷边而影响螺母的拧入。

b. 为了防止圆杆夹持出现偏斜和夹出痕迹，圆杆应装夹在用硬木制成的V形钳口或软金属制成的衬垫中，如图4-21所示，在加衬垫时圆杆套螺纹部分离钳口要尽量近。

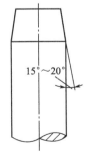

图 4-20 套螺纹时圆杆的倒角

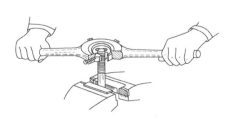

图 4-21 夹紧圆杆的方法

c. 套螺纹时应保持板牙端面与圆杆轴线垂直，否则套出的螺纹两面会有深浅，甚至烂牙。

d. 在开始套螺纹时，可用手掌按住板牙中心，适当施加压力并转动铰杠。当板牙切入圆杆1~2圈时，应目测检查和校正板牙的位置。当板牙切入圆杆3~4圈时，应停止施加压力，而仅平稳地转动铰杠，靠板牙螺纹自然旋进套螺纹。

e. 为了避免切屑过长，套螺纹过程中板牙应经常倒转。

f. 在钢件上套螺纹时要加切削液，以延长板牙的使用寿命，减小螺纹的表面粗糙度。

(3) 套螺纹时产生废品的原因及解决方法

套螺纹时产生废品的原因与攻螺纹的时候类似，具体如表4-10所示。

表4-10 套螺纹时产生废品的原因及解决方法

废品形式	产生原因	解决方法
烂牙	对低碳钢等塑性好的材料套螺纹时，未加润滑冷却液，板牙把工件上螺纹粘去一部分	对塑性材料套螺纹时一定要加适合的润滑冷却液
	套螺纹时板牙一直不回转，切屑堵塞，把螺纹啃坏	板牙正转1~1.5圈后，就要反转0.25~0.5圈，使切屑断裂
	被加工的圆杆直径太大	把圆杆加工到合适的尺寸
	板牙歪斜太多，在找正时造成烂牙	套螺纹时板牙端面要与圆杆轴线垂直，并经常检查，发现有歪斜就要及时找正
螺纹对圆杆歪斜，螺纹一边深一边浅	圆杆端头倒角没倒好，使板牙端面与圆杆不垂直	圆杆端头要按要求倒角，四周斜角要大小一样
	板牙套螺纹时，两手用力不均匀，使板牙端面与圆杆不垂直	套螺纹时两手要均匀用力，要经常检查板牙端面与圆杆是否垂直，并及时纠正
螺纹中径太小（齿牙太瘦）	套螺纹时铰杠摆动，不得不多次找正，造成螺纹中径变小	套螺纹时，板牙铰杠要握稳
	板牙切入圆杆后，还用力压板牙铰杠	板牙切入后，只要均匀使板牙旋转即可，不能再加力下压
	活动板牙、开口后的圆板牙尺寸调节得太小	活动板牙、开口后的圆板牙要调整好尺寸
螺纹太浅	圆杆直径太大	圆杆直径要规定的范围内

四、实训操作

1. 加工六角螺母

操作步骤如下：

① 检查坯料情况，划出中心线。

② 钻螺纹底孔并倒角。

③ 以孔为基准，按图样尺寸锉削六面体，使两平行平面分别达到尺寸公差要求，并保证各面的垂直度、角度精度要求。

④ 在攻螺纹，倒 30°圆弧角。

⑤ 去毛刺，复检。

注意：螺纹不应乱扣、滑牙。

2. 套螺杆

试件图与操作步骤如下：

① 将所给坯料两边倒角各 C1，套出一段长度为 8mm 的螺纹，如图 4-22 所示。

② 将正六方件钻孔，攻 M12 螺纹，如图 4-23、图 4-24 所示。

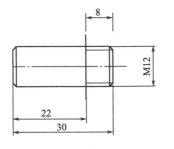

图 4-22 试件图（1）

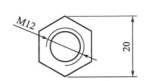

图 4-23 试件图（2）

③ 将螺杆掉头夹持，夹持位用紫铜片包裹。

④ 按图 4-25 要求套 M12 螺纹。

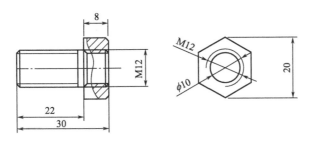

图 4-24 试件图（3）

⑤ 去毛刺，复检。

注意：工件夹持时必须与钻床主轴垂直，攻丝时应注意丝锥垂直，套螺纹时应注意板牙垂直，发生歪斜应及时方向校正；锉削 30°角圆弧时应圆滑。

姓名   学号   班级

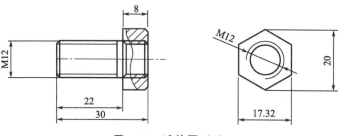

图 4-25 试件图 (4)

五、实训评价

请学习者和教师根据表 4-11 的实训评价内容进行学生自评和教师评价,并根据评分标准将对应的检测记录及得分填写于表中。

表 4-11 攻螺纹、套螺纹实训评价表

项目	考核要求	评分标准/分	检测记录	学生自评/分	教师评价/分	累计得分/分
锉削	$18_{-0.07}^{0}$(3 处)	3×3				
	120°±13′(6 处)	1×6				
	3.30°±32′	2				
	4.23mm±0.042mm	2.5				
	⊥ 0.08 B (6 处)	1×6				
	⌖ 0.25 A (3 处)	2×3				
	Ra3.2(7 处)	0.5×7				
	Ra3.2(30°锥面)	1				
攻丝	M12-7H	2.5				
	⊥ 0.2 B	2.5				
	1.5×45°	1				
	Ra3.2	1.5				
	无滑牙、乱扣	2.5				
安全性	遵守安全文明生产规范	4				
总分						
姓名:		工号:		日期:		教师:

模块思考

1. 錾子的种类有哪些?
2. 錾削中等硬度材料,刃磨錾子楔角应选取多少度合适?
3. 若要攻 M8 的螺纹,该钻多大的底孔?
4. 若要在 M10 的底孔孔口倒角,应取多大倒角?
5. 如何避免丝锥歪斜?

模块五　化工管路

实训一　化工管路的构成和标准化

一、实训目的

① 正确识别化工管路的组成及用途。
② 掌握化工管路的压力和直径标准。

二、料工准备

工具：手锤（图5-1）、压力器（图5-2）、管钳（图5-3）、撬杠（图5-4）和梅花扳手（图5-5）等。

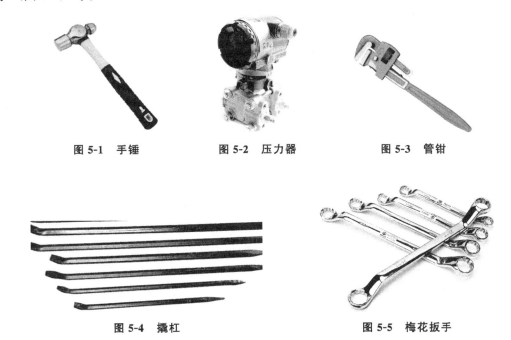

图5-1　手锤　　　　　图5-2　压力器　　　　　图5-3　管钳

图5-4　撬杠　　　　　　　　　图5-5　梅花扳手

三、实训分析

1. 化工管路的构成

化工管路是化工生产中所使用的各种管路形式的总称，是化工生产中不可缺少的部分，在化工生产中，将化工设备与机器连接在一起，从而保证流体从一个设备输送到另一个设备，或者从一个车间输送到另一个车间，如图 5-6 所示。在生产过程中，只有管路畅通，阀门调节得当，才能保证各车间及整个工厂生产的正常运行，因此，了解化工管路的构成与作用非常重要。

图 5-6　化工管路实物图

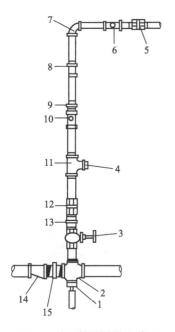

图 5-7　化工管路结构示意图

1—补芯；2—异径四通；3—截止阀；
4—丝堵；5—活接头；6—等径三通；
7—90°弯头；8—管箍；9—补芯；10—异
径三通；11—等径三通；12—活接头；
13—对丝；14—异径管箍；15—对丝

如图 5-7 所示，化工管路主要由管子、管件和阀件等构成，也包括一些附属于管路的管架、管卡和管撑等辅件。由于化工生产中所输送的流体的种类及性质各不相同，为适应不同输送任务的要求，化工管路也各不相同。

2. 化工管路的标准化

为了便于大规模生产、安装、维护和检修，使管路制品具有互换性，有利于管路的设计，化工管路实行了标准化。

化工管路的标准化规定了管子、管件及管路附件的公称直径、连接尺寸、结构尺寸及压力的标准。其中直径标准和压力标准是其他标准的依据，我们由此可以确定所选管子和所有管路附件的种类和规格等，为化工管路的设计、安装、维修提供了方便。

(1) 压力标准

压力标准分为公称压力、试验压力和工作压力三种。压力的单位采用国际单位制。

① 公称压力：是为了设计制造和安装维修的方便而规定的一种标准压力，用 PN+数值的形式表示。例如 PN2.45MPa 表示公称压力是 2.45MPa。公称压

力一般大于或等于实际工作的最大压力,其数值通常是指管内工作介质的温度在273～293K范围内的最高允许工作压力。管子、管件的公称压力见表5-1。

表5-1 管子、管件的公称压力（GB 1048—2019）

管子、管件的公称压力 PN/MPa				
0.05	1.00	6.30	28.00	100.00
0.10	1.60	10.00	32.00	125.00
0.25	2.00	15.00	42.00	160.00
0.40	2.50	16.00	50.00	200.00
0.60	4.00	20.00	63.00	250.00
0.80	5.00	25.00	80.00	335.00

② 试验压力：是对管路进行水压强度试验和密封性试验而规定的压力,用PS+数值的形式表示。例如PS150MPa表示试验压力是150MPa。其和公称压力的关系见表5-2。

表5-2 管子的公称压力和试验压力的关系　　　　单位：MPa

PN	PS	PN	PS	PN	PS	PN	PS
0.5	—	25	38	200	300		
1	2	40	60	250	380	1000	1300
2.5	4	64	96	320	480	1250	1600
4	6	80	120	400	560	1600	2000
6	9	10	150	500	700	2000	2500
10	15	130	195	640	900	2500	3200
16	24	160	240	800	1100		

③ 工作压力：也称操作压力,是为了保证管路工作时的安全而规定的一种最大压力。因管路制作材料的机械强度随温度的升高而降低,故管路所能承受的最大工作压力也随介质温度的升高而降低。工作压力用P+数值的形式来表示,为了强调相应的温度,常在P的右下角标注介质最高温度（℃）除以10后所得的整数。

(2) 直径标准

直径标准是指对管路直径所做的标准,称公称直径或通称直径。用DN+数值的形式表示。例如DN300表示该管子的公称直径是300mm。我们通常所说的公称直径既不是管子内径,也不是管子外径,而是与管子内径相接近的整数值。我国的公称直径在1～4000mm之间分为53个等级,在1～100mm分得较细,而在1000mm以上,每200mm分一级,见表5-3所示。

表5-3 管子与管路附件公称直径标准系列表（GB 1047—2019）

公称直径 DN/mm																
1	4	8	20	40	80	150	225	350	500	800	1100	1400	1800	2400	3000	3600
2	5	10	25	50	100	175	250	400	600	900	1200	1500	2000	2600	3200	3800
3	6	15	32	65	125	200	300	450	700	1000	1300	1600	2200	2800	3400	4000

公称直径有公制和英制两种表示方法。公制的表示方法如前所述,单位用 mm 表示,英制是以英寸(in)为单位,其换算关系为 1in≈25.4mm。对于螺纹连接的管子,习惯上用英制管螺纹尺寸表示,见表 5-4 所示。

表 5-4　公称尺寸相当的英制管螺纹尺寸

公称尺寸/mm	管螺纹尺寸/in	公称尺寸/mm	管螺纹尺寸/in	公称尺寸/mm	管螺纹尺寸/in	公称尺寸/mm	管螺纹尺寸/in	公称尺寸/mm	管螺纹尺寸/in
8	1/4	20	3/4	40	3/2	80	3	150	6
10	3/8	25	1	50	2	100	4	200	8
15	1/2	30	5/4	65	5/2	125	5	250	10

四、实训操作

按照图5-8所示,填写各化工管路构件的名称并描述其功能。

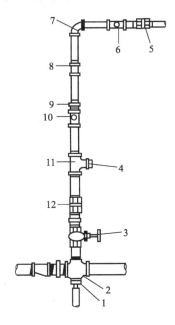

图 5-8 化工管路结构示意图

图中 1 名称：_____。
功能：_____
_____。

图中 2 名称：_____。
功能：_____
_____。

图中 3 名称：_____。
功能：_____
_____。

图中 4 名称：_____。
功能：_____
_____。

图中 5 名称：_____。
功能：_____
_____。

图中 6 名称：_____。
功能：_____
_____。

图中 7 名称：_____。

姓名　　　　学号　　　　班级

功能：_____
_____。

图中 8 名称：_____。
功能：_____
_____。

图中 9 名称：_____。
功能：_____
_____。

图中 10 名称：_____。
功能：_____
_____。

图中 11 名称：_____。
功能：_____
_____。

图中 12 名称：_____。
功能：_____
_____。

五、实训评价

请学习者和教师根据表 5-5 的实训评价内容进行学生自评和教师评价，并根据评分标准将对应的检测记录及得分填写于表中。

表 5-5　认识化工管路实训评价表

项目	评价内容	评分标准/分	学生自评/分	教师评价/分	累计得分/分
化工管路构件识别	能够正确识别化工管路的组成部分及用途	20			
	能够掌握化工管路压力标准、直径标准的规定	25			
安全性	遵守安全文明生产规范	5			
总分					
姓名：　　　　工号：　　　　日期：　　　　教师：					

实训二　管子与管件

管子与管件是管路最基本的组成部分，掌握它们的种类及适用范围，对进行化工管路的安装和检修具有非常重要的意义。

一、实训目的

① 掌握管子的种类和用途。
② 掌握管件的种类和用途。

二、料工准备

工具：手锤、压力器、管钳、撬杠和梅花扳手等。

三、实训分析

1. 管子

管子是管路的主体，使用过程中，通常根据物料的性质（腐蚀性、易燃性、易爆性等）及操作条件（温度、压力等）来选用不同的管材。

化工生产中所使用的管子按管材不同可分为金属管、非金属管和复合管。

(1) 金属管

金属管可分为铸铁管、钢管和有色金属管。

铸铁管规格一般用 Φ 内径来表示，如 $\Phi1000$ 表示该管子的内径是 1000mm。铸铁管可分为普通铸铁管和高硅铸铁管。普通铸铁管由于强度相对低、材质结构疏松、性脆等，一般不能用来输送蒸汽或在较高压力下输送易燃易爆及有毒介质。普通铸铁管的管端头有承插式和法兰式两种。高硅铸铁管硬度较高，脆性较大，具有较好的耐腐蚀性，其受到敲击、碰撞或局部急剧冷却时容易破裂，所以在使用时应特别注意。

钢管分为有缝钢管和无缝钢管两类。有缝钢管主要包括水、煤气钢管。常见的水、煤气钢管的规格见表5-6。

无缝钢管（图5-9）是用棒料钢材经穿孔制成，因为没有接缝，故称无缝钢管。其特点是质地均匀、强度高，可作为高压、易燃、易爆、有毒介质的输送管路，也可以制作换热器、蒸发器。无缝钢管的规格用 Φ 外径×壁厚表示。

化工生产中常用的有色金属管有铜管、铝管等，主要用于一些特殊的场合。图5-10所示为铜管。

化工上常见的铜管有紫铜管和黄铜管两种。铜的导热能力强，延展性好，耐低温性能好，易于弯曲成型。紫铜管通常用于制氧设备的低温管路，也常用于输油管路。黄铜管常见于列管换热器中的管束。

表 5-6　常见的水、煤气钢管的规格（GB 3091—2015）

公称直径		外径/mm	钢管种类			
			普通管		加厚管	
mm	in		壁厚/mm	理论质量/(kg/m)	壁厚/mm	理论质量/(kg/m)
6	1/8	10	2	0.39	2.5	0.46
8	1/4	13.5	2.25	0.62	2.75	0.73
10	3/8	17	2.25	0.82	2.75	0.97
15	1/2	21.3	2.75	1.26	3.25	1.45
20	3/4	26.8	2.75	1.63	3.5	2.01
25	1	33.5	3.25	2.42	4	2.91
32	5/4	42.3	3.25	3.13	4	3.78
40	3/2	48	3.50	3.84	4.25	4.58
50	2	60	3.50	4.88	4.5	6.16
65	5/2	75.5	3.75	6.64	4.5	7.88
80	3	88.5	4	8.34	4.75	9.81
100	4	114	4	10.85	5	13.44
125	5	140	4.5	15.04	5.5	18.24
150	6	165	4.5	17.81	5.5	21.63

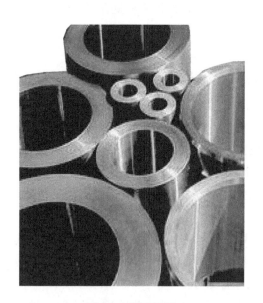

图 5-9　无缝钢管

图 5-10　铜管

铝管广泛用于浓硫酸、浓硝酸等的输送，也可用于制作换热器，小直径铝管可以代替铜管来输送有压液体。当温度升高时，铝管的力学性能会明显下降，所以其使用的最高温度不宜超过160℃。

(2) 非金属管

非金属管是用非金属材料制作的各种管子的总称。非金属管有塑料管、玻璃管、陶瓷管、水泥管、橡胶管等。

塑料管的种类较多，用途广泛，在很多场合，一些金属管被塑料管代替。

玻璃管的耐蚀性特别强，除氟氢酸外，即使在高温下对硫酸、硝酸等强酸也具有很高的耐腐蚀能力；玻璃管易清洗，性脆，在实验室中应用较多。

陶瓷管具有很好的耐腐蚀性，可用来输送腐蚀性介质，但性脆、机械强度低，不耐高压和温度剧变，在化工生产中主要用于输送压力小于 0.2MPa、温度低于 423K 的腐蚀性流体。陶瓷管如图 5-11 所示。

水泥管主要用作下水道的排污水管。水泥管的规格用 Φ 内径×壁厚表示。水泥管如图 5-12 所示。

图 5-11 陶瓷管

图 5-12 水泥管

橡胶管能耐多种介质的腐蚀，但在化工管路中使用较少，一般只作临时性管路或作为某些管路的连接件。橡胶管如图 5-13 所示。

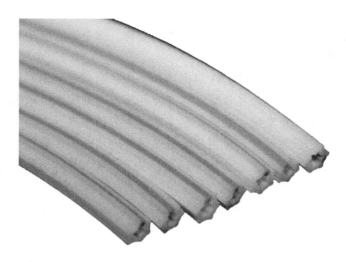

图 5-13　橡胶管

（3）复合管

复合管是由金属和非金属两种材料复合而得到的管子，它综合了金属和非金属材料的优点，如强度高、耐腐蚀性好。图 5-14 所示为铝塑复合管。

图 5-14　铝塑复合管

2. 管件

管件是管路的连接件，是用来连接管子、改变管路方向和直径、接出支路和封闭管路等的管路附件的总称，通常一个管件可以起到上述作用中的一个或多个，如弯头既可以连接管路，又可以改变管路的方向。管件一般采用锻造、铸造或模压的方法制造。化工生产中管件的种类很多，大多数已经标准化。部分管件如图 5-15 所示。

水、煤气钢管的管件已标准化，水管、煤气钢管管件的种类和用途见表 5-7。

铸铁管的管件有弯头（90°、60°、45°、30°、10°）、三通、四通、异径管（俗称大小头）、管帽等，使用时主要采用承插式连接、法兰连接和混合连接等几种形式。管件的端部铸有凸肩的可用松套对开法兰连接。塑料管件还常采用胶黏剂进行连接。

图 5-15 部分管件

表 5-7 水管、煤气钢管管件的种类和用途

种类	用途	种类	用途
内螺纹管接头	用以连接两段公称直径相同的管子	等径三通	用于由主管中接出支管、改变管路方向和连接三段公称直径相同的管子
外螺纹管接头	用以连接两个公称直径相同的具有内螺纹的管件	异径三通	用以由主管中接出支管、改变管路方向和连接三段具有两种公称直径的管子
活管接	用以连接两段公称直径相同的管子	等径四通	用以连接四段公称直径相同的管子

续表

种类	用途	种类	用途
异径管	用以连接两段公称直径不相同的管子	异径四通	用以连接四段具有两种公称直径的管子
内外螺纹管接头	用以连接一个公称直径较大的具有内螺纹的管件和一段公称直径较小的管子	外方堵头	用以封闭管路
等径弯头	用以改变管路方向和连接两段公称直径相同的管子,它可分 45°和 90°两种	管帽	用以封闭管路
异径弯头	用以改变管路方向和连接两段公称直径不相同的管子	锁紧螺母	它与内牙管联用,可以得到可拆的接头

四、实训操作

请为以下展示的管子或管件标注正确的名称，并填写它们的用途。

名称：_____
用途：_____

名称：_____
用途：_____

名称：_____
用途：_____

姓名　　　　学号　　　　班级

名称：_____
用途：_____
_____

名称：_____
用途：_____
_____

名称：_____
用途：_____
_____

| 姓名 | 学号 | 班级 |

名称：_____

用途：_____

_____

名称：_____

用途：_____

_____

五、实训评价

请学习者和教师根据表 5-8 的实训评价内容进行学生自评和教师评价，并根据评分标准将对应的检测记录及得分填写于表中。

表 5-8　认识管子和管件实训评价表

项目	评价内容	评分标准/分	检测记录	学生自评/分	教师评价/分	累计得分
认识管子和管件	掌握管子的种类和用途	20				
	掌握管件的种类和用途	25				
安全性	遵守安全文明操作规范	5				
总分						
姓名：	工号：		日期：	教师：		

实训三 阀 门

一、实训目的

① 了解阀门的型号。
② 掌握阀门的类型。
③ 掌握阀门操作与维护的相关知识。

二、料工准备

工具：手锤、压力器、管钳、撬杠和梅花扳手等。

三、实训分析

阀门是用来开启、关闭和调节流量及控制安全的机械装置，也称阀件、截门或节门；阀门质量的好坏均关系到安全运行。化工生产中，通过阀门可以调节流量、系统压力、流动方向，从而确保工艺调节的实现与安全生产。

1. 阀门的型号

阀件的种类与规格很多，为了便于选用和识别，规定了工业管路使用阀门的标准，对阀门进行了统一编号。阀门的型号表示方式如下：

$$\times_1 \times_2 \times_3 \times_4 \times_5 - \times_6 \times_7$$

其中$\times_1 \sim \times_7$为字母或数字，可从有关手册中查取。

$\times_1$为阀门类别，用阀门名称的第一个汉字的拼音字首来表示，如截止阀用 J 表示。

$\times_2$为阀门传动方式，用阿拉伯数字表示，如气动为 6，液动为 7，点动为 9 等。

$\times_3$为阀门连接形式，用阿拉伯数字表示，如内螺纹为 1，外螺纹为 2 等。

$\times_4$为阀门结构形式，用阿拉伯数字表示。

$\times_5$为阀座密封面或衬里材料，用材料名称的拼音字首来表示。

$\times_6$为公称压力的数值，是阀件在基准下能够承受的最大工作压力。

$\times_7$为阀体材料，用规定的拼音字母表示。

2. 阀门的类型

阀门的种类很多，按启动力的来源分他动启闭阀和自动作用阀。在选用时，应根据被输送介质的性质、操作条件及管路实际进行合理选择。

(1) 他动启闭阀

他动启闭阀有手动、气动和电动等类型，若按结构分有旋塞阀、闸阀、截止阀、节流阀、气动调节阀和电动调节阀等。

① 旋塞阀：其外形结构如图 5-16 所示，是利用带孔的旋塞来控制启闭的阀门，主要用于输送含有沉淀物和易于析出结晶及黏度较大的物料。它适用于直径不大于 80mm 及温度不超过 273K 的低温管路和设备，允许工作压力在 1MPa（表压）以下。

② 闸阀：又叫闸板阀，其外形结构如图 5-17 所示，阀体内装有一与介质流动方向相垂直的闸板，当闸板升起或落下时，阀门即开启或关闭。闸板阀是最常用的截断阀之一，常用于大直径的给水管路，也可用于压缩空气、真空管路和温度在 393K 以下的低压气体管路，但是不能用于介质中含沉淀物质的管路，很少用于蒸汽管路。

③ 截止阀：又叫球形阀，其外形结构如图 5-18 所示。它是通过改变阀盘和阀座之间的距离，来改变通道截面的大小，从而改变流体的流量，常用于蒸汽压缩空气和真空管路，也可用于各种物料管路，但不能用于含沉淀物，易于析出结晶或黏度较大、易结焦的料液管路，可较精确地调节流量和严密地截断通道。

图 5-16　旋塞阀

图 5-17　闸阀

图 5-18　截止阀

④ 节流阀：其外形结构如图 5-19 所示。节流阀启动时流通截面变化较缓慢，有较好的调节性能，不宜作隔断阀。常用于温度较低、压力较高的介质和需要调节流量和压力的管路。

⑤ 碟形阀：俗称碟阀，其外形结构如图 5-20 所示，主要由阀体、碟板、阀杆、密封圈等零部件组成。该阀的关闭件为一圆盘形碟板，碟板能绕其轴旋转 90°，板轴垂直流体的流动方向，当驱动手柄旋转时，带动阀杆和碟板一起转动，使阀门开启或关闭。

⑥ 隔膜阀：其外形结构如图 5-21 所示。隔膜阀是一种特殊形式的截止阀，是利用阀体内的橡胶隔膜来实现阀门的启闭工作的，橡胶隔膜的四周夹在阀体与阀盖的结合面间，把阀体与阀盖的内腔隔开。隔膜中间凸起的部位用螺钉或销钉与阀盘相连接，阀盘与阀杆通过圆柱销连起来。转动手轮，使阀杆做上下方向的移动，通过阀盘带动橡胶隔膜做升降运动，从而调节隔膜与阀座的间隙，来控制介质的流速或切断管路。

（2）自动作用阀

当系统中某些参数发生变化时，自动作用阀能够自动启闭，主要有安全阀、减压阀、止回阀和疏水阀等。

图 5-19 节流阀　　　　　图 5-20 碟形阀　　　　　图 5-21 隔膜阀

① 安全阀：是一种根据介质工作压力的大小，自动启闭的阀门，其外形结构如图 5-22 所示。它的作用是确保受压容器或管路的安全，以免超压而发生破坏性事故。当介质的工作压力超过规定数值时，介质将阀盘顶起，并将过量介质排放出来，使压力降低；当压力恢复正常后，阀盘就又自动关闭，主要用于蒸汽锅炉及高压设备。其特点是能较准确的维持设备和管路内的压力，根据介质压力的大小自动控制启闭。

② 减压阀：是为了降低管道设备的压力，并维持出口压力稳定的一种机械装置，是靠膜片、弹簧、活塞等敏感元件来改变阀盘和阀座之间的间隙，使蒸汽或空气自动从某一较高的压力降至生产所需要的稳定的压力的一种自动的阀门。其外形结构如图 5-23 所示，常用于高压设备。例如，高压钢瓶出口都要连接减压阀，以降低出口的压力，满足后续设备压力的需要。

图 5-22 安全阀　　　　　　　　图 5-23 减压阀

③ 止回阀：又叫单向阀、止逆阀、不返阀等，是根据阀盘前后介质的压力差而自动启闭的阀门，其外形结构如图 5-24 所示，在阀体内有一阀盘或摇板，当介质顺流时，阀盘或摇板即升起或打开；当介质倒流时，阀盘或摇板即自动关闭，故称为止回阀。常用于泵的进出口管路。例如，离心泵在启动前需要灌泵，为了保证液体能自动灌入，常在泵的吸入管口装一个单向阀。

④ 疏水阀：是一种能自动、间歇排除冷凝液，并能自动阻止蒸汽排出的机械装置，其外形结构如图 5-25 所示。化工生产中用到的蒸汽，由于有冷凝液存在，其热能利用率大为降低，故及时排除冷凝液才能很好地发挥蒸汽的加热功能。几乎所有使用蒸汽的地方，都需要使用疏水阀。近年来，新型疏水阀发展很快，且还在不断发展中。

图 5-24 止回阀

图 5-25 疏水阀

3. 阀门的操作与维护

阀门在管路中的使用是非常广泛的,为此做好阀门的正常操作和维护工作是十分重要的。启闭阀门时,动作不要过快,阀门全开后,必须将手轮倒转少许,以保持螺纹接触严密不损伤。关闭阀门时,应在关闭到位后回松一两次,以便让流体将可能存在的污物冲走,然后再适当用力关紧。

阀门的维护工作要做到:

① 保持固体支架和手轮清洁与润滑良好,使传动部件灵活操作。
② 检查有无渗漏,如有应及时修复。
③ 安全阀要保持无挂污与无渗漏,并定期校验其灵敏度。
④ 注意观察减压阀的减压功能。若减压值波动较大,应及时检修。
⑤ 露天阀门的传动装置必须有防护罩,以免大气及雪雨的侵蚀。
⑥ 要经常侧听止逆阀阀芯的跳动情况,以防止掉落。
⑦ 做好保温与防冻工作,应排净停用阀门内部积存的介质。
⑧ 电动阀应保持接点的良好接触,以防水、汽、油的玷污。
⑨ 及时维修损坏的阀门零件,发现异常及时处理,处理方法见表 5-9 所示。

表 5-9 阀门异常现象与处理方法

异常现象	发生原因	处理方法
填料函泄漏	① 压盖松 ② 填料装得不严 ③ 阀杆磨损或腐蚀 ④ 填料老化失效或填料规格不对	① 均匀压紧填料,拧紧螺母 ② 采用单圈、错口顺序填状 ③ 更换新阀杆 ④ 更换新填料
密封面泄漏	① 密封面之间有脏物粘贴 ② 密封面锈蚀磨伤 ③ 阀杆弯曲使密封面错开	① 反复微开、微闭冲走脏物或冲洗干净 ② 研磨锈蚀处或更新 ③ 调直后调整
阀杆转动不灵活	① 填料压得过紧 ② 阀杆螺纹部分太脏 ③ 阀体内部积存结疤 ④ 阀杆弯曲或螺纹损坏	① 适当放松压紧 ② 清洗擦净脏物 ③ 清理积存物 ④ 调直后修理

续表

异常现象	发生原因	处理方法
安全阀灵敏度不高	① 弹簧疲劳 ② 弹簧级别不对 ③ 阀体内水垢结疤严重	① 更换新弹簧 ② 按压力等级选用弹簧 ③ 彻底清理
减压阀压力自调失灵	① 调节弹簧或膜片失效 ② 控制通路堵塞 ③ 活塞或阀芯被锈斑卡住	① 更换新件 ② 清理干净 ③ 清理干净,打磨光滑
机电机构动作不协调	① 行程控制器失灵 ② 行程开关触点接触不良 ③ 离合器未啮合	① 检查调节控制装置 ② 修理接触片 ③ 拆卸修理

四、实训操作

请为以下展示的阀门标注正确的名称,并填写它们的用途。

1.

（1）名称：_____
（2）用途：_____
_____

2.

（1）名称：_____
（2）用途：_____
_____

3.

（1）名称：_____
（2）用途：_____
_____

姓名　　　　学号　　　　班级

4.

(1) 名称：_____
(2) 用途：_____
_____

5.

(1) 名称：_____
(2) 用途：_____
_____

6.

(1) 名称：_____
(2) 用途：_____
_____

7.

(1) 名称：_____

(2) 用途：_____
_____

五、实训评价

请学习者和教师根据表 5-10 的实训评价内容进行学生自评和教师评价，并根据评分标准将对应的检测记录及得分填写于表中。

表 5-10 认识阀门实训评价表

项目	评价内容	评分标准/分	检测记录	学生自评/分	教师评价/分	累计得分/分
认识阀门	了解阀门的型号	10				
	掌握阀门的类型	20				
	掌握阀门操作与维护的相关知识	15				
安全性	遵守安全文明生产规范	5				
总分						
姓名： 工号： 日期： 教师：						

实训四 管路安装

一、实训目的

① 掌握管子的加工方法。
② 掌握管路的连接方法。
③ 掌握管路的安装方法。

二、料工准备

工具：手锤、压力器、管钳、撬杠和梅花扳手等。

三、实训分析

1. 管子的加工

管子在安装前，一般要根据安装需要经过一定的加工，包括管子的切割、套丝和弯曲等。

(1) 管子的切割

管子的切割是指根据所需的长度和技术要求，把管子切断的加工方法，分为机械切割和热切割两大类，具体采用哪种方法切割，应根据管径的大小、管子的材料和施工现场的条件来决定。管子的切割平面应与管子的中心垂直，且切口端面应平整，不得有裂纹、重皮、毛刺、熔瘤、铁屑等。

使用手动切割管子时，通常把管子夹在龙门虎钳内，如图5-26所示，用钢锯或切管器进行切割，如图5-27所示。切管器切割比钢锯切割管子的速度快，断面整齐、操作简便，切口光滑，并且在切口上自然形成了坡口，对管子的下一步加工提供了方便。使用切割器切割后的管子内管口易出现缩口现象，因此在要求较高的管路上，应用锉刀对管口进行修理。

图5-26 龙门虎钳

(2) 管子的套丝

管子的套丝就是在管子的端头切削出外螺纹的操作，分手工加工和机器加工两种形式，手工加工的主要工具是管子铰板（也称管子板牙架），如图 5-28 所示。

图 5-27　切管器　　　　　　　　图 5-28　管子铰板

(3) 管子的弯曲

管子的弯曲是指把管子根据需要弯制成一定角度的操作，分为热弯和冷弯两种。弯曲后的管子要求角度准确，被弯曲处的外表面要平整、圆滑，没有皱纹和裂缝，并且弯曲处的截面没有明显的椭圆变形。

2. 管路的连接

化工管路的连接是指管子与管子、管子与管件、管子与阀件、管子与设备之间的连接，连接方式主要有四种：螺纹连接、法兰连接、承插式连接和焊接。

(1) 螺纹连接

螺纹连接是依靠螺纹把管子与管路附件连接在一起，连接方式主要有内牙管、长外牙管和活接头连接等，通常适用于以下几种情况。

① 水、煤气钢管，公称直径不大的自来水管路等。

② 带有管螺纹的阀门、设备和管件等。

③ 管子的公称直径不大于 65mm，介质公称压力不大于 1MPa，温度在 200℃ 以下的管路。

螺纹连接的管子，两端都加工有螺纹，通过带内螺纹的管件或阀门，将管子连接成管路。在圆柱管螺纹连接时，为了保证连接处的密封，必须在外螺纹上加填料，常用的填料有油麻丝加铅油、石棉绳加铅油和聚四氟乙烯生料带。填料在螺纹上的缠绕方向应与螺纹的方向一致，绳头应压紧，以免与内螺纹连接时被推掉。为了便于管路的拆卸，在管路的适当部位应采用活管节连接，活管节的两个主节分别与两节管子的端头用螺纹连接起来，在两主节间放入软垫片，然后用套合节将两主节连接起来，并将两垫片挤压紧，形成密封。

螺纹连接泄漏的主要原因有：管螺纹加工质量差；配件或设备上的管螺纹不符合要求；填料选用不当或填料密封不紧等。

(2) 法兰连接

法兰连接是一种最常用的连接方法，拆卸方便，密封可靠，强度高，应用范围广，但费用较高。

法兰连接一般规定：
① 安装前应对法兰螺栓垫片进行外观、尺寸、材质等检查。
② 法兰与管子组装前应对管子端面进行检查。
③ 法兰与管子组装时应检查法兰的垂直度。
④ 法兰与法兰对接连接时，密封面应保持平行。
⑤ 为便于安装和拆卸法兰，紧固螺栓，法兰平面距支架和墙面的距离不应小于200mm。
⑥ 工作温度高于100℃的管道螺栓应涂一层石墨粉和机油的调和物，以便日后拆卸。
⑦ 拧紧螺栓时应对称呈十字交叉进行，以保障垫片各处受力均匀；拧紧后的螺栓露出丝扣的长度不应大于螺栓直径的一半，并不应小于2mm。
⑧ 法兰连接好后，应进行试压，发现渗漏需要更换垫片。
⑨ 法兰连接的管道需要封堵时则采用法兰盖。法兰盖的类型、结构尺寸及材料应和所配用的法兰相一致。
⑩ 法兰连接不严要及时找出原因，并采取相应措施。

法兰连接时要注意以下几个方面：
① 法兰盘的端面与管子中心线要垂直。
② 两个相互连接的法兰端面应平行。
③ 法兰的密封面加工必须平整且有较高的粗糙度等级，不允许有辐射方向的沟槽及砂眼等缺陷。
④ 法兰连接时，在两法兰密封面之间必须放置垫片，垫片必须根据被密封介质的性质进行正确的选用。
⑤ 螺栓应能自由穿入，规格应相同，安装方向应一致；需加垫片时，每个螺栓不应超过一个，紧固时应对称均匀地进行，螺栓的数目应与法兰螺孔数目相同；不能使用已滑丝的螺栓。
⑥ 管路的工作温度高于100℃时，螺栓的螺纹部分及密封垫的两平面应涂以机油和石墨粉的调和物，以免日久难以拆卸。

（3）承插式连接

承插式连接是将管子的一端插入另一管子的钟形插套内，并在形成的空隙内装填料（如丝麻、油绳、水泥、胶黏剂、熔铅等）加以密封的一种连接方法，主要用于铸铁管和非金属管（耐酸陶瓷管、塑料管、玻璃管等）的管路，以及对密封要求不太高的情况下的连接。其缺点是拆卸困难，不能耐高压。

（4）焊接

焊接是一种方便、价廉且不漏但却难以拆卸的连接方法，广泛应用于钢管、有色金属管等的连接。其优点是连接强度高，气密性好，维修工作量少。焊接可用于各种温度和压力条件下的管路，特别是高温高压管路。当管路需要经常拆卸时，或在不允许动火的车间，不易采用焊接法连接管路。

3. 管路的安装

（1）管架的安装

化工管路的长度和总重量（包括管路自身的重量、管内介质的重量和管外保温层的重量等）比较大，空间架设起来后必然会产生弯曲，为了避免此种情况的发生，通常将管路架设在管架上。两管架之间的距离称为跨度，管路的一般跨度可参阅表 5-11。管架可分为支架和吊架两大类，支架有设在室内的和设在室外的。室外管路支架的基础应牢固地埋在地面以下，距地面的深度应大于 500mm。室内管路支架多固定在墙上。吊架是从管子的上方对管子进行支撑，细小些的管路也可用吊架吊在较粗大的管路的下方。

表 5-11　管路的一般跨度

公称直径/mm	无保温层时的跨度/m	有保温层时的跨度/m	公称直径/mm	无保温层时的跨度/m	有保温层时的跨度/m
25～50	4～5	3～3.5	200	7～9	7～8.5
70	5～5.5	2.5～4.0	250	7～9	7～9
100	6～7	3～3.5	300	7～11	7～10
125	6～7.5	3.5～6	350	7～11.5	7～10.5
150	7～8	4.5～7	400	7～11.5	7～10.5

为了把管子固定在支架上，最简单的方法是采用管卡，管卡在管路中起扶持的作用。对于水平布置的一排管路，每根管路都是用单独的管托或管夹固定在复合吊架上。

（2）阀门的安装

阀门安装前要进行必要的检查，包括：

① 检查阀门的型号是否与所需用的相符。
② 检查垫片、填料和启闭件是否符合工作介质的要求。
③ 检查手轮转动是否灵活，阀杆有无卡住现象。
④ 检查启闭件关闭的严密性，不合适时应进行研磨修理。

阀门检查完毕进行安装时要注意以下几点：

① 阀门应安装在便于维护修理的地方，一般安装高度为 1.2m，当安装高度超过 1.8m 时，应集中布置，以便设置操作平台。
② 在水平管路上安装阀门时，手轮应位于阀体以上的位置。
③ 安装具有方向性的阀门（如截止阀、节流阀、安全阀、止回阀、减压阀、疏水阀等）时，应特别注意阀门的进出口位置，切勿装反。
④ 安装杠杆式安全阀和升降式止回阀时，应使阀盘中心线和水平面垂直。
⑤ 安装旋启式止回阀时，应使摇板的旋转枢轴呈水平位置。
⑥ 安装法兰式阀门时，应使两法兰端面平行和中心线同轴，拧紧法兰连接螺栓时，应呈对称十字交叉进行。
⑦ 安装螺纹连接的阀门时，螺纹应完整无损，应在螺纹上缠绕填料后进行连接，并注意填料不要进入管子或阀体内。

（3）管路的热补偿

管路一般都是在常温下安装的，在工作中由于受到介质的影响，会产生热胀冷缩的现象，当温度变化较大时，管路因管材的热胀冷缩而承受较大的热应力，严重时将造成管子弯曲、断裂或接头松脱，因此必须采取热补偿来消除这种应力。热补偿的主要方法有两种，即利用弯管进行的自然补偿和利用补偿器进行的热补偿。管路布置时，应尽量采用自然补偿，当管路的弯曲角度小于150°时，能进行自然补偿；大于150°时，不能进行自然补偿，此时可以考虑采用补偿圈补偿，常用的补偿圈有方形、波形及填料函式等补偿圈。

（4）管路的试压与吹扫

化工管路在安装完毕后，必须保证其强度与严密性符合设计的要求，因此必须进行压力试验。试压时主要采用液压试验，不能用水作介质的，可用气压试验代替。水压试验合格后，以空气或惰性气体为介质进行气密性试验，气密性试验压力为设计压力。用涂肥皂水的方法，重点检查管道的连接处有无渗漏现象，若无渗漏，稳压30min，压力保持不降为试验合格。

管道系统强度试验合格后，或气密性试验前，应分段进行吹扫与清洗（即吹洗）。吹洗前应将仪表、孔板、滤网、阀门拆除，对不宜吹洗的系统进行隔离和保护，待吹洗后再复位。工作介质为液体的管道，一般用水吹洗，水质要清洁，流速不小于1.5m/s。不宜用水冲洗的管道可用空气进行吹扫。吹扫用的空气或惰性气体应有足够的流量，压力不得超过设计压力，流速不得低于20m/s。蒸汽管线应用蒸汽吹扫。一般蒸汽管道可用刨光木板置于排气口处检查，板上应无铁锈、污物等。忌油管道（如氧气管道）在吹扫合格后，应用有机溶剂进行脱脂。

（5）管路的绝热与涂色

① 管路的绝热。工业生产中，由于工艺条件的需要，很多管道和设备都要加以保温、加热保护和保冷，其目的在于减少管内介质与外界的热传导，从而达到节能、防冻及满足生产工艺要求等。我国相关部门规定：凡是表面温度在50℃以上的设备或管道以及制冷系统的设备或管道，都必须进行保温或保冷，具体方法是在设备或管道的表面覆以导热系数小的材料，达到降低传热速率的目的。

另外，为防止管道内所输送的介质由于温度降低而发生的凝固、冷凝、结晶、分离或形成水合物等现象，应给予加热保护，以补充介质的热损失，如重油输送管道及某些化工工艺管道等。常采用的方法是蒸汽伴管、蒸汽夹套等，外面再连同管道一起覆盖保温层。

② 管路的涂色。化工生产中，为了区别不同介质的管路，往往在保温层或管子的表面涂以不同的颜色。涂色方法有两种，一种是整个管路涂上单一的颜色，另一种则是在底色上加以色环（每隔2m涂上一个宽度为50～100mm的色环），涂色的材料多为调和漆。常用的化工管路的涂色见表5-12。

表5-12 常用化工管路的涂色

管路内介质及注字	涂色	注字颜色	管路内介质及注字	涂色	注字颜色	管路内介质及注字	涂色	注字颜色
过热蒸汽	暗红	白	氨气	黄	黑			
真空	白	纯蓝	氮气	黄	黑	生活水	绿	白
压缩空气	深蓝	白	硫酸	红	白	过滤水	绿	白
燃料气	紫	白	纯碱	粉红	白	冷凝水	暗红	绿
氧气	天蓝	黑	油类	银白	黑	软化水	绿	白
氢气	深绿	红	井水	白	绿			

四、实训操作

1. 管子套丝的基本操作步骤

① 把管子夹持在龙门虎钳上,使管子不随板牙架转动即可。

② 在管子需要套丝的地方涂上润滑油。

③ 根据所套管子的直径确定板牙的位置,为保证套丝质量,凡直径在 1in 以下的管子,应分两次套丝;直径在 1in 以上的管子,分三次套丝。

④ 把板牙架套在管端,扳转手把使板牙合拢,然后进行套丝。

⑤ 第一遍套丝后,在第二遍套丝前必须用刷子将管端的丝扣表面和板牙内的切屑清除干净。

⑥ 套丝工作完成后,将板牙架和板牙擦拭干净,并用润滑油进行润滑。

2. 管路安装的基本操作步骤

① 对照管路示意图进行管路安装,安装中要保证横平竖直,水平偏差不大于 15mm,垂直偏差不大于 10mm。

② 法兰与螺纹的结合要做到生料带缠绕方向正确和厚度要合适,螺纹与管件咬合要对准、对正,拧紧用力要适中。

③ 阀门安装前将内部清理干净,关闭好再进行安装。有方向性的阀门要与介质流向吻合,安装好的阀门手轮位置要便于操作。

④ 按具体安装要求安装,要注意流向,有刻度的位置要便于读数。会使用手摇式试压泵,按试压程序要求完成试压操作。在规定的压强和规定的时间内,管路所有接口没有渗漏现象。

⑤ 按顺序进行安装,一般从上到下,先仪表后阀门,拆卸过程不得损坏管件和仪表。拆下的管子、管件、阀门和仪表要归类放好。

注意:操作中安装工具使用合适、恰当。法兰安装中要做到对得正,不反口,不错口,不张口。安装和拆卸过程注意安全防护不出现安全事故。

五、实训评价

请学习者和教师根据表 5-13 的实训评价内容进行学生自评和教师评价,并根据评分标准将对应的检测记录及得分填写于表中。

表 5-13 管路安装实训评价表

项目	评价内容	评分标准/分	检测记录	学生自评/分	教师评价/分	累计得分/分
管路安装	掌握管子的加工方法	10				
	掌握管路的连接方法	15				
	掌握管路的安装方法	20				
安全性	遵守安全文明生产规范	5				
总分						
姓名:		工号:		日期:		教师:

模块思考

1. 化工管路由哪几部分构成？
2. 什么是公称压力、试验压力、工作压力？
3. 管子规格如何表示？
4. 管子按材质如何分类？
5. 简述常见水管、煤气钢管管件的种类和用途。
6. 列举常见阀门及其特点。
7. 叙述管子的套丝步骤。
8. 管路连接方式有哪些？各有何特点？
9. 阀门安装前的检查包括哪些内容？

模块六 换热器

实训一 换热器的分类和结构性能

一、实训目的

① 掌握换热器的分类方法。
② 掌握换热器的结构。
③ 掌握换热器的性能特点。

二、料工准备

工具：手锤、压力器、管钳、撬杠、梅花扳手等。

三、实训分析

在化学反应中，对于放热或吸热反应，为了保持最佳反应温度，必须及时移出或补充热量；对某些单元操作，如蒸发、结晶、蒸馏和干燥等，也需要输入或输出热量，才能保证操作的正常进行。此外，设备和管道的保温、生产过程中热量的综合利用及余热回收等都涉及传热问题。在化工生产过程中，传热通常是在两种流体间进行的，故称换热。要实现热量的交换，必须采用特定的设备，通常把这种用于交换热量的设备统称为换热器。化工生产过程中对传热的要求可分为两种情况：一是强化传热，如各种换热设备中的传热；二是削弱传热，如设备和管道的保温。传热设备不仅在化工厂的设备投资中占有很大的比例，而且它们所消耗的能量也是相当可观的。例如，在炼油、化工装置中换热器占设备总量的40%左右，占总投资的30%～50%。近年来换热器的应用范围不断扩大，利用换热器带来的经济效益越来越显著。

换热器作为传热设备，广泛用于耗能量大的领域。随着节能技术的飞速发展，换热器的种类越来越多，适用于不同介质、不同工况、不同温度、不同压力的换热器，结构也不同。

1. 换热器的分类

(1) 换热器按用途分类 (表6-1)

表6-1 换热器按用途分类

名称	应用
加热器	用于把流体加热到所需的温度,被加热流体在加热过程中不发生相变
预热器	用于流体的预热,以提高整套工艺装置的效率
过热器	用于加热饱和蒸汽,使其达到过热状态
蒸发器	用于加热液体,使之蒸发汽化
再沸器	是蒸馏过程的专用设备,用于加热塔底液体,使之再受热汽化
冷却器	用于冷却流体,使之达到所需的温度
冷凝器	用于冷凝饱和蒸汽,使之放出潜热而凝结液化

(2) 换热器按作用原理分类 (表6-2)

表6-2 换热器按作用原理分类

名称	作用原理	应用
间壁式换热器	两流体被固体壁面分开,互不接触,热量由热流体通过壁面传给冷流体	适用于两流体在换热过程中不允许混合的场合。应用最广,形式多样
混合式换热器	两流体直接接触,相互混合进行换热。结构简单,设备及操作费用均较低,传热效率高	适用于两流体允许混合的场合,常见的设备有凉水塔、洗涤塔、文氏管及喷射冷凝器等
蓄热式换热器	借助蓄热体将热量由热流体传给冷流体。结构简单,可耐高温,其缺点是设备体积庞大,传热效率低且不能完全避免两流体的混合	煤制气过程的气化炉、回转式空气预热器
中间载热体式换热器	将两个间壁式换热器由在其中循环的载热体(又称热媒)连接起来,载热体在高温流体换热器中从热流体吸收热量后,带至低温流体换热器传给低温流体	多用于核能工业、冷冻技术及余热利用中。热管式换热器即属此类

(3) 换热器按传热面的形状和结构分类

① 管式换热器:通过管子壁面进行传热,按传热管的结构不同可分为列管式换热器、套管式换热器、蛇管式换热器和翅片管式换热器等。管式换热器应用最广。

② 板式换热器:通过板面进行传热,按传热板的结构形式,可分为平板式换热器、螺旋板式换热器、板翅式换热器、夹套式换热器、热板式换热器等。

③ 特殊型式换热器:是指根据工艺特殊要求而设计的具有特殊结构的换热器,如回转式换热器、热管式换热器和回流式换热器等。

(4) 换热器按所用材料分类

① 金属材料换热器:由金属材料制成,常用金属材料有碳钢、合金钢、铜及铜合

金、铝及铝合金、钛及钛合金等。由于金属材料的热导率较大，故该类换热器的传热效率较高。

② 非金属材料换热器：由非金属材料制成，常用非金属材料有石墨、玻璃、塑料及陶瓷等。该类换热器主要用于具有腐蚀性的物料。由于非金属材料的热导率较小，所以其传热效率较低。

2. 换热器的结构和性能特点

(1) 管式换热器

① 列管式换热器：又称管壳式换热器，是一种通用的标准换热设备。它具有结构简单、单位体积换热面积大、坚固耐用、用材广泛、清洗方便、适用性强等优点，在生产中得到广泛应用，在换热设备中占主导地位。列管式换热器根据结构特点分为以下几种。

a. 固定管板式换热器：图6-1展示了其内部结构。此种换热器的结构特点是两块管板分别焊壳体的两端，管束两端固定在两管板上。优点是结构简单、紧凑、管内便于清洗。缺点是壳程不能进行机械清洗，且当壳体与换热管的温差较大（>50℃）时，产生的温差应力（又叫热应力）具有破坏性。需在壳体上设置膨胀节，受膨胀节强度限制壳程不能太高。固定管板式换热器适用于壳程流体清洁不结垢，两流体温差不大或温差较大但壳程压力不高的场合。

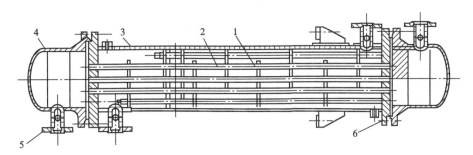

图6-1 固定管板式换热器结构示意图
1—折流挡板；2—管束；3—壳体；4—封头；5—接管；6—管板

b. 浮头式换热器：结构如图6-2所示。其结构特点是两端管板之一不与壳体固定连接。可以在壳体内沿轴向自由伸缩，该端称为浮头。此种换热器的优点是当换热管与

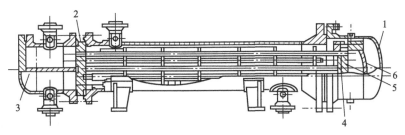

图6-2 浮头式换热器结构示意图
1—壳盖；2—固定管板；3—隔板；4—浮头勾圈法兰；5—浮动管板；6—浮头盖

壳体有温差存在，壳体或换热管膨胀时，互不约束，不会产生温差应力；管束可以从管内抽出，便于管内和管间的清洗。缺点是结构复杂，用材量大，造价高。浮头式换热器适用于壳体温差较大或壳程流体容易结垢的场合。

c. U形管式换热器：结构如图6-3所示，管子呈U形，两端固定在同一管板上。管束可以自由伸缩，当壳体与管子有温差时，不会产生温差应力。U形管式换热器的优点是结构简单，只有一个管板，密封面少，运行可靠，造价低，管间清洗较方便。缺点是管内清洗较困难，可排管子数目较少，管束最内层管间距大，壳程易短路。U形管式换热器适用于管程、壳程温差较大或壳程介质易结垢而管程介质不易结垢的场合。

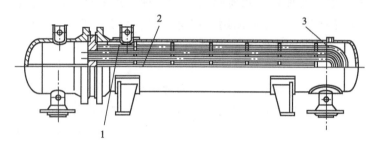

图6-3　U形管式换热器结构示意图
1—内导流箱；2—中间挡板；3—U形管

d. 填料函式换热器：结构如图6-4所示，管板上只有一端与壳体固定，另一端采用填料函密封。管束可以自由伸缩，不会产生温差应力。优点是结构较浮头式换热器简单，造价低；管束可以从壳体内抽出，管程、壳程均能进行清洗。缺点是填料耐压不高，一般小于4.0MPa；壳程介质可能通过填料函外漏。填料函式换热器适用于管程、壳程温差较大或介质结垢需经常清洗且壳程压力不高的场合。

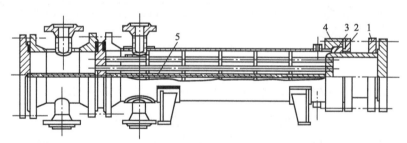

图6-4　填料函式换热器结构示意图
1—活动管板；2—填料压盖；3—填料；4—填料函；5—纵向隔板

e. 釜式换热器：结构如图6-5所示，在壳体上部设置蒸发空间。管束可以为固定管板式、浮头式或U形管式。釜式换热器清洗方便，并能承受高温、高压，适用于液-汽（气）式换热（其中液体沸腾汽化）。

② 套管式换热器：是由两种直径不同的管子套在一起组成的同心套管，再将若干段这样的套管连接而成，其结构如图6-6所示。每一段套管称为一程，程数可根据所需传热面积的多少而增减。

套管换热器的优点是结构简单，能耐高压，传热面积可根据需要增减。缺点是单位

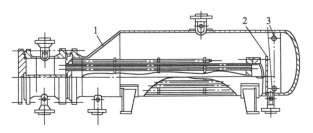

图 6-5 釜式换热器结构示意图

1—偏心锥壳；2—堰板；3—液面计接口

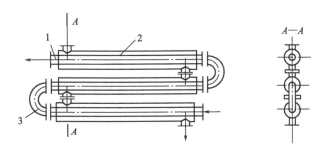

图 6-6 套管式换热器结构示意图

1—内管；2—外管；3—U 形弯管

传热面积的金属耗量大，管子接头多，检修清洗不方便。此类换热器适用于高温、高压及流量较小的场合。

③ 蛇管式换热器：蛇管式换热器根据操作方式不同，分为沉浸式和喷淋式两类。

a. 沉浸式蛇管换热器：此种换热器通常以金属管弯绕而成，制成适应窗口的形状，沉浸在容器内的液体中，管内流体与容器内液体隔着管壁进行换热。常用的蛇管形状结构如图 6-7 所示。此类换热器的优点是结构简单，造价低廉，便于防腐，能承受高压，缺点是管外对流传热系数小，常需加搅拌装置，以提高传热系数。

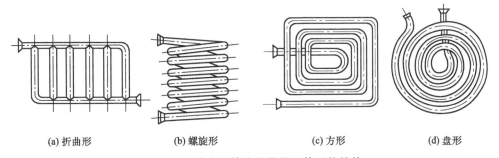

(a) 折曲形　　(b) 螺旋形　　(c) 方形　　(d) 盘形

图 6-7 沉浸式蛇管换热器的蛇管形状结构

b. 喷淋式蛇管换热器：结构如图 6-8 所示。此类换热器常用于用冷却水冷却管内热流体。各排蛇管均垂直固定在支架上，蛇管排数根据所需传热面积的多少而定。热流体自下部总管流入各排蛇管，从上部流出再汇入总管。冷却水由蛇管上方的喷淋装置均匀地喷洒在各排蛇管上,并沿着管外表面淋下。该装置通常置于室外通风处,冷却水在空气中汽化时,可以带走部分热量,以提高冷却效果。与沉浸式蛇管换热器相比,喷淋式蛇管换热器具有检修清洗方便、传热效果好等优点。

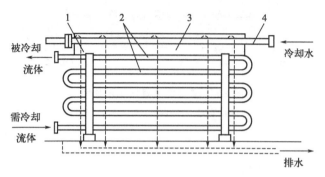

图 6-8　喷淋式蛇管换热器结构示意图
1—支架；2—换热管；3—淋水板；4—喷淋管

④ 翅片管式换热器：又称管翅式换热器,结构特点是在换热管的外表面或内表面装有许多翅片,常用翅片有纵向和横向两类。常见翅片形式如图 6-9 所示。

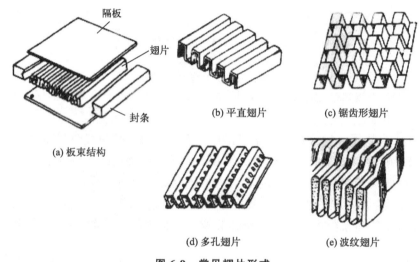

图 6-9　常见翅片形式

化工生产中常遇到气体的加热或冷却问题,因气体的对流传热系数较小,所以当换热的另一方为液体或发生相变时,换热器的传热热阻主要在气体一侧。此时,在气体一侧设置翅片,既可增大传热面积,又可增加气体的湍动程度,减少气体侧的热阻,提高了传热效率。一般当两流体的对流传热系数之比超过 3∶1 时,可采用翅片换热器。工业上常用翅片换热器作为空气冷却器,用空气代替水,不仅可在缺水地区使用,即使在水源充足的地方也较经济。

(2) 板式换热器

① 夹套式换热器：结构如图 6-10 所示。它由一个装在容器外部的夹套构成,容器内的物料和夹套内的加热剂或冷却剂隔着器壁进行换热,器壁就是换热器的传递面。优

点是结构简单，容易制造，可与反应器或窗口构成一个整体。缺点是传热面积小；器内流体处于自然对流状态，传热效率低；夹套内部清洗困难。夹套内的加热剂和冷却剂一般只能使用不易结垢的水蒸气、冷却水和氨等。夹套内通蒸汽时，应从上部进入，冷凝水从底部排出；夹套内通液体载热体时，应从底部进入，从上部流出。制造夹套式换热器时，由于夹套会进行水压强度试验，因此要防止夹套制造中底部连管高出造成夹套底部积水（液），热载体进入夹套时汽化发生爆炸。

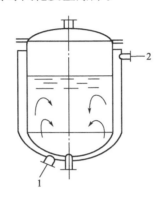

图 6-10　夹套式换热器结构示意图

1—冷凝液；2—蒸汽

② 平板式换热器：结构如图 6-11 所示。它是由若干长方形薄金属板叠加排列，夹紧组装于支架上构成。两相邻板的边缘衬有垫片，压紧后板间形成流体通道。每块板的四个角上各开一个孔，借助于垫片的配合，使两流体分别从同一块板的两侧流过，通过板面进行换热。除了两端的两板面外，每一块板面都是传热面，可根据所需传热面积的变化增减板的数量，板片是板式换热器的核心部件。为使液体均匀流动，增大传热面积，促使流体湍动，常将板面冲压成各种凹凸的波纹状，常见的波纹形状有水平波纹、人字形波纹和圆弧形波纹等，如图 6-11 所示。

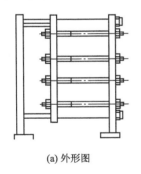
(a) 外形图

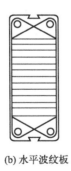
(b) 水平波纹板

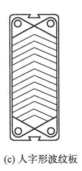
(c) 人字形波纹板

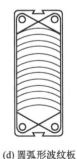
(d) 圆弧形波纹板

图 6-11　平板式换热器

板式换热器的优点是结构紧凑，单位体积设备提供的传热面积大；组装灵活，可随时增减板数；板面波纹使液体湍动程度增强，从而具有较高的传热效率，装拆方便，有利于清洗和维修。缺点是处理量小，受垫片材料性能的限制，操作压力和温度不能过高。此类换热器适用于需要经常清洗，工作环境要求十分紧凑，操作压力在 2.5MPa 以下，温度在 35～200℃。

③ 螺旋板式换热器：结构如图 6-12 所示。它是由焊在中心隔板上的两块金属薄板卷制而成，两薄板之间形成螺旋形通道，两板之间焊有一定数量的定距撑以维持通道间距，两端用盖板焊死。两流体分别在两通道内隔着薄板进行换热。其中一种流体由外层的一个通道流入，顺着螺旋通道流向中心，最后由中心的接管流出；另一种流体则由中心的另一个通道流入，沿螺旋通道反方向向外流动，最后由外层接管流出。两流体在换热器内做逆流流动。

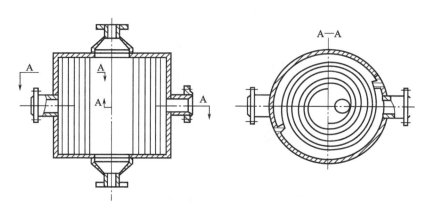

图 6-12 螺旋板式换热器结构示意图

螺旋板式换热器结构紧凑；单位体积设备提供的传热面积大，约为列管换热器的 3 倍；流体在换热器内做严格的逆流流动，可在较小的温差下操作，能充分利用低温能源；由于流向不断改变，且允许选用较高流速，故传热系数大，为列管换热器的 1～2 倍，又由于流速较高，同时有惯性离心力作用，污垢不易沉积。其缺点是制造和检修都比较困难；流动阻力大，在同样物料和流速下，其流动阻力为直管的 3～4 倍，操作压强和温度不能太高，一般压强在 2MPa 以下，温度则不能超过 400℃。

④ 板翅式换热器：板翅式换热器为单元体叠加结构，其基本单元体由翅片、隔板及封条组成，如图 6-13(a) 所示。翅片上下放置隔板，两侧边缘由封条密封，并用钎焊焊牢，即构成一个翅片单元体。将一定数量的单元体组合起来，并进行适当排列，然后焊在带有进出口的集流箱上，便可构成具有逆流、错流或错逆流等多种形式的换热器，如图 6-13(b)～(d) 所示。

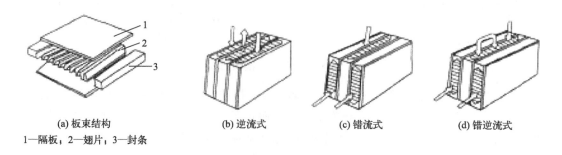

(a) 板束结构
1—隔板；2—翅片；3—封条

(b) 逆流式   (c) 错流式   (d) 错逆流式

图 6-13 板翅式换热器结构示意图

板翅式换热器的优点是结构紧凑，单位体积设备具有的传热面积大；一般用铝合金制造，轻巧牢固。由于翅片促进了流体湍动，其传热系数很高。由于采用了铝合金材料，在低温和超低温下仍具有较好的导热性和抗拉强度，故可在−273～200℃使用；同时因翅片对隔板有支撑作用，其允许操作压力也较高，可达 5MPa。其缺点是易堵塞，流动阻力大；清洗检修困难，故要求介质洁净，同时对铝不腐蚀。

⑤ 热板式换热器：热板式换热器是一种新型高效换热器，如图 6-14 所示，它是将两层或多层金属平板点焊或滚焊成各种图形，并将边缘焊接密封成一体。平板之间在高压下充气形成空间，得到最佳流动状态的流道形式。各层金属板厚度可以相等，也可以不相等，板数可以为双层，也可以为多层，这样就构成了多种热板传热表面形式。热板式换热器具有流动阻力小、传热效率高、根据需要可做成各种开关等优点，可用于加热、保温、干燥、冷凝等多种场合，作为一种新型换热器，具有广阔的应用前景。

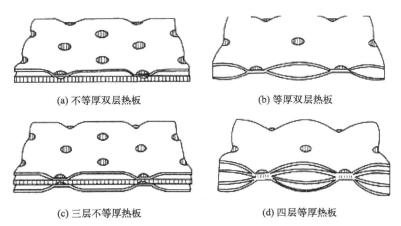

图 6-14 热板式换热器

(a) 不等厚双层热板　　(b) 等厚双层热板
(c) 三层不等厚热板　　(d) 四层等厚热板

(3) 热管式换热器

热管式换热器是用一种称为热管的新型换热元件组合而成的换热装置。热管的种类很多，但其基本结构和工作原理基本相同。以吸液芯热管为例，如图 6-15 所示，在一根密闭的金属管内充以适量的工作液，紧靠管子内壁处装有金属丝网或纤维等多孔物质，称为吸液芯。全管沿轴向分 3 段：蒸发段（又称热端）、绝热段（又称蒸汽输送段）和冷凝段（又称冷端）。当热流体从管外流过时，热量通过管壁传给工作液，使其汽化，蒸汽沿管子轴向流动，在冷端向冷流体放出潜热而凝结，冷凝液在吸液芯内流回热端，再从热流体处吸收热量而汽化。如此反复循环，热量便不断地从热流体传给冷流体。

热管按冷凝液循环方式分为吸液芯热管、重力热管和离心热管 3 种，吸液芯热管的冷凝液依靠毛细管力回到热端，重力热管的冷凝液是靠重力流回热端，离心热管的冷凝液则依靠离心力流回热端。

热管按工作液的工作温度范围分为 4 种：深冷热管，在 200K 以下工作，工作液有氮、氢、氖、甲烷、乙烷等；低温热管，在 200～550K 范围内工作，工作液有氟利昂、氨、丙酮、乙醇、水等；中温热管，在 550～750K 范围内工作，工作液有水银、铯、水、钾钠混合液等；高温热管，在 750K 以上范围内工作。

目前使用的热管式换热器多为箱式结构，如图 6-16 所示。

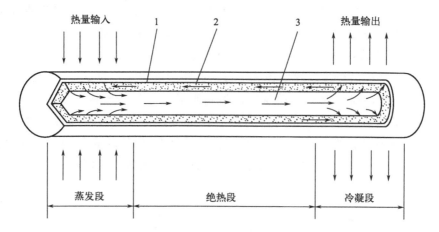

图 6-15　吸液芯热管结构示意图

1—壳体；2—吸液芯；3—蒸汽

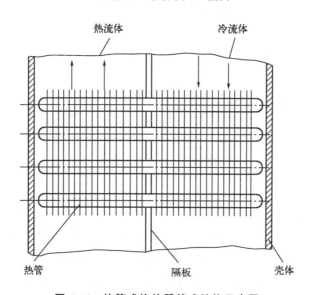

图 6-16　热管式换热器箱式结构示意图

把一组热管合成一个箱形，中间用隔板分为热、冷两个流体通道，一般热管外壁上装有翅片，以强化传热效果。

热管换热器的传热特点是分热量传递汽化、蒸汽流动和冷凝三步进行。由于汽化和冷凝的对流强度都很大，蒸汽的流动阻力又较小，因此热管的传热热阻很小，即使在两端温度差很小的情况下，也能传递很大的热流量，特别适用于低温差传热的场合。热管换热器具有传热能力大、结构简单、工作可靠等优点，展现出广阔的应用前景。

四、实训操作

① 按照图 6-17 所示，正确填写固定管板式换热器各构件的名称并描述性能特点。

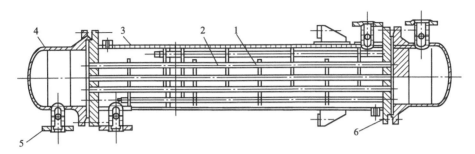

图 6-17 固定管板式换热器结构示意图

图中 1 名称：_____。
作用：_____
_____。

图中 2 名称：_____。
作用：_____
_____。

图中 3 名称：_____。
作用：_____
_____。

图中 4 名称：_____。
作用：_____
_____。

图中 5 名称：_____。
作用：_____
_____。

图中 6 名称：_____。
作用：_____
_____。

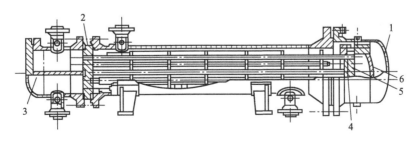

图 6-18 浮头式换热器结构示意图

姓名　　　　学号　　　　班级

② 按照图 6-18 所示，正确填写浮头式换热器各构件的名称并描述性能特点。

图中 1 名称：_____。
作用：_____
_____。

图中 2 名称：_____。
作用：_____
_____。

图中 3 名称：_____。
作用：_____
_____。

图中 4 名称：_____。
作用：_____
_____。

图中 5 名称：_____。
作用：_____
_____。

图中 6 名称：_____。
作用：_____
_____。

五、实训评价

请学习者和教师根据表 6-3 的实训评价内容进行学生自评和教师评价，并根据评分标准将对应的检测记录及得分填写于表中。

表 6-3　实训评价表

项目	评价内容	评分标准/分	检测记录	学生自评/分	教师评价/分	累计得分/分
识别换热器构件并描述性能特点	掌握换热器的分类方法	10				
	掌握换热器的结构	20				
	掌握换热器的性能特点	15				
安全性	遵守安全文明生产规范	5				
总分						
姓名：	工号：		日期：		教师：	

实训二 列管式换热器的选择、安装和维修

一、实训目的

① 掌握列管式换热器的选型方法。
② 掌握列管式换热器的维护和保养方法。
③ 掌握列管式换热器的安装方法。

二、料工准备

工具：手锤、压力器、管钳、撬杠、梅花扳手等。

三、实训分析

1. 列管式换热器选型

列管式换热器有系列标准，所以使用时工程上一般只需选型即可，只有在实际要求与标准系列相差较大的时候，方需要自行设计。

(1) 列管式换热器选型时应考虑的问题

① 流动空间的选择。流体流经管程或壳程，以固定管板式换热器为例，一般确定原则如下。

不洁净或易结垢的流体宜走管程，因为管程清洗较方便。

腐蚀性流体宜走管程，以免管子和壳体同时被腐蚀，且管子便于维修和更换。

压力高的流体宜走管程，以免壳体受压，以节省壳体金属消耗量。

被冷却的流体宜走壳程，便于散热，增强冷却效果。

高温加热剂与低温冷却剂宜走管程，以减少设备的热量或冷量的损失。

有相变的流体宜走壳程，如冷凝传热过程，管壁面附着的冷凝液厚度即传热膜的厚度，让蒸汽走壳程有利于及时排除冷凝液。

有毒害的流体宜走管程，以减少泄漏量。

黏度大的液体或流量小的流体宜走壳程，因流体在有折流挡板的壳程中流动，流速与流向不断改变，在 Re 大于 100 的情况下即可达到湍流，以提高传热效果。

两流体温差较大时，对流传热系数较大的流体宜走壳程。因管壁温接近于 α 较大的流体，以减小管子与壳体的温差，从而减小温差应力。

在选择流动路径时，上述原则往往不能同时兼顾，应视具体情况分析。一般首先考虑操作压力、防腐及清洗等方面的要求。

② 流速的选择。流体在管程或壳程中的流速，不仅直接影响传热膜系数，而且影响污垢热阻，从而影响传热系数的大小，特别对含有较易沉积颗粒的流体，流速过低甚至可能导致管路堵塞，严重影响设备的使用，但流速增大，又将使流体阻力增大，因此选择适宜的流速是十分重要的。根据经验，表 6-4、表 6-5 列出一些工业上常用的流速范围，以供参考。

表 6-4　列管式换热器内常用的流速范围

流体种类	流速/(m/s)	
	管程	壳程
一般液体	0.5～3	0.2～1.5
易结垢液体	>1	>0.5
气体	5～30	3～15

表 6-5　液体黏度在列管式换热器中对应的最大流速（钢管）

液体黏度/mPa·s	最大流速/(m/s)
>1500	0.6
1500～500	0.75
500～100	1.1
100～35	1.5
35～1	1.8
1	2.4

③ 加热剂（或冷却剂）进、出口温度的确定方法：通常被加热（或冷却）流体进出换热器的温度由工艺条件决定，但对加热剂（或冷却剂）而言，进出口温度则需视具体情况而定。

为确保换热器在所有气候条件下均能满足工艺要求，加热剂的进口温度应按所在地的冬季状况确定；冷却剂的进口温度应按所在地的夏季状况确定。若综合利用系统流体作加热剂（或冷却剂），因流量、入口温度确定，故可由热量衡算直接求其出口温度。用蒸汽作加热剂时，为加快传热，通常宜控制为恒温冷凝过程，蒸汽入口温度的确定要考虑蒸汽的来源、锅炉的压力等。在用水作冷却剂时，为便于循环操作、提高传热推动力，冷却水的进出口温度差一般宜控制在 5～10℃。

④ 列管类型的选择：当热、冷流体的温差在 50℃ 以内时，不需要热补偿，可选用结构简单、价格低廉且易清洗的固定管板式换热器。当热、冷流体的温差超过 50℃ 时，需要考虑热补偿。在温差校正系数小于 0.8 的前提下，当管程流体较为洁净时，宜选用价格相对便宜的 U 形管式换热器，反之，应选用浮头式换热能。

⑤ 单程与多程：在列管式换热器中存在单程与多程结构（管程与壳程）。当温差校正系数小于 0.8 时，不能采用包括 U 形管式、浮头式在内的多程结构，宜采用几台固定管板式换热器串联或并联操作。

(2) 列管式换热器选型的步骤

① 根据换热任务，确定两流体的流量、进出口温度、操作压力、物性数据等。

② 确定换热器的结构形式，确定流体在换热器内的流动空间。

③ 计算热负荷，计算平均温度差，选取总传热系数，并根据传热基本方程初步算出传热面积，以此作为选择换热器型号的依据，并确定初选换热器的实际换热面积 $S_\text{实}$，以及在 $S_\text{实}$ 下所需的传热系数 $K_\text{需}$。

④ 压力降校核。根据初选设备的情况，计算管程、壳程流体的压力差是否合理。

若压力降不符合要求，则需重新选择其他型号的换热器，直至压力降满足要求。

⑤ 核算总传热系数。计算换热器管程、壳程的流体的传热膜系数，确定污垢热阻，再计算总传热系数 $K_{计}$。

⑥ 计算传热面积 $S_{需}$，将 $S_{需}$ 与换热器的实际换热面积 $S_{实}$ 比较，若 $S_{实}/S_{需}$ 在 1.1～1.25 之间（也可以用 $K_{计}/K_{需}$），则认为合理，否则需另选 $K_{选}$，重复上述计算步骤，直至符合要求。

（3）列管式换热器的型号与规格

列管式换热器的型号由五部分组成。

换热器代号；公称直径（mm）；管程数；公称压力（MPa）；公称换热面积（m^2）。

例如，公称直径为 600mm，公称压力为 1.6MPa，公称换热面积为 55m^2，双管程固定管板式换热器的型号为：G600Ⅱ-1.6-55，其中 G 为固定管板式换热器的代号。

2. 列管式换热器的保养和故障维修

（1）列管式换热器的保养

① 保持设备外部整洁，保温层和油漆完好。

② 保持压力表、温度计、安全阀和液位计等仪表和附件的齐全、灵敏和准确。

③ 发现阀门和法兰连接处渗漏时，应及时处理。

④ 开停换热器时，不要将阀门开得太猛，否则容易造成管子和壳体受到冲击，以及局部骤然胀缩，产生热应力，使局部焊缝开裂或管子连接口松弛。

⑤ 尽可能减少换热器的开停次数，停止使用时，应将换热器内的液体清洗放净，防止冻裂和腐蚀。

⑥ 定期测量换热器的壳体厚度，一般两年一次。

（2）列管式换热器的故障维修

列管式换热器的常见故障与处理方法如表 6-6 所示。

表 6-6 列管式换热器的常见故障与处理方法

故障	产生原因	处理方法
传热效率下降	(1)列管结垢 (2)壳体内不凝汽或冷凝液增多 (3)列管、管路或阀门堵塞	(1)清洗管子 (2)排放不凝汽和冷凝液 (3)检查清理
震动	(1)壳程介质流动过快 (2)管路震动所致 (3)管束与折流板的结构不合理 (4)机座刚度不够	(1)调节流量 (2)加固管路 (3)改进设计 (4)加固机座
管板与壳体连接处开裂	(1)焊接质量不好 (2)外壳歪斜,连接管线拉力或推力过大 (3)腐蚀严重,外壳壁厚减薄	(1)清除补焊 (2)重新调整找正 (3)鉴定后修补
管束、胀口渗漏	(1)管子被折流板磨破 (2)壳体和管束温差过大 (3)管口腐蚀或胀(焊)接质量差	(1)堵管或换管 (2)补胀或焊接 (3)换管或补胀(焊)

列管式换热器的故障 50% 以上是由于管子引起的。

当管子出现渗漏时,就必须更换管子。对胀接管须先钻孔,除掉胀管头,拔出坏管,然后换上新管进行胀接,最好对周围不要更换的管子也能稍稍胀一下。注意换下坏管时,不能碰伤管板的管孔,同时在胀接新管时,要清除管孔的残留异物,否则可能产生渗漏;对焊接管,须用专用工具将焊缝进行清除,拔出坏管,换上新管进行焊接。

更换管子的工作是比较麻烦的,当只有个别管子损坏时,可用管堵将两端堵死,管堵材料的硬度不能高于管子的硬度,堵死的管子数量不能超过换热器该管程总管数的 10%。

管子胀口或焊口处发生渗漏时,有时不需换管,只需进行补胀或补焊,补胀时应考虑到胀管应力对周围管子的影响,所以对周围管子也要轻轻胀一下;补焊时,一般须先清除焊缝再重新焊接,需要应急时,也可直接对渗漏处进行补焊,但只适用于低压设备。

3. 换热器的清洗

换热器经过一段时间的运行,传热面上会产生污垢,使传热系数大大降低而影响传热效率,因此必须定期对换热器进行清洗,由于清洗的困难程度随着垢层厚度的增加而迅速增大,所以清洗间隔时间不宜过长。

换热器的清洗不外乎化学清洗和机械清洗两种方法,对清洗方法的选定应根据换热器的形式、污垢的类型等情况而定。一般化学清洗适用于结构较复杂的情况,如列管式换热器管间、U形管内的清洗,由于清洗剂一般呈酸性,对设备多少会有一些腐蚀。机械清洗常用于坚硬的垢层、结焦或其他沉积物,但只能清洗工具能够到达之处,如列管换热器的管内(卸下封头)、喷淋式蛇管换热器的外壁、板式换热器(拆开后),常用的清洗工具有刮刀、竹板、钢丝刷、尼龙刷等。另外,还可以用高压水进行清洗。

① 化学清洗(酸洗法)。酸洗法常用盐酸配制酸洗溶液,由于酸能腐蚀钢铁,在酸洗溶液中须加入一定数量的缓蚀剂,以抑制对基体的腐蚀(酸洗溶液的配制方法参阅有关资料)。

酸洗法的具体操作方法有两种。其一为重力法,借助于重力,将酸洗溶液缓慢注入设备,直至灌满,这种方法的优点是简单、耗能少,但效果差、时间长。其二为强制循环法,依靠酸泵使酸洗溶液通过换热器并不断循环,这种方法的优点是清洗效果好,时间相对较短,缺点是需要酸泵,较复杂。

进行酸洗时,要注意以下几点:其一,对酸洗溶液的成分和酸洗的时间必须控制好,原则上要求既要保证清洗效果,又尽量减少对设备的腐蚀;其二,酸洗前检查换热器各部位是否有渗漏,如果有,应采取措施消除;其三,在配制酸洗溶液和酸洗过程中,要注意安全,需穿戴口罩、防护服、橡胶手套,并防止酸液溅入眼中。

② 机械清洗:对列管式换热器管内的清洗,通常用钢丝刷,具体做法是用一根圆棒或圆管,一端焊上与列管内径相同的圆形钢丝刷,清洗时,一边旋转一边推进,通常用圆管比用圆棒要好,因为圆管向前推进时,清洗下来的污垢可以从圆管中退出。对不锈钢管不能用钢丝刷,而要用尼龙刷,对板式换热器也只能用竹板或尼龙刷,切忌用刮刀和钢丝刷。

③ 高压水清洗:采用高压泵喷出高压水进行清洗,既能清洗机械清洗不能到达的地方,又避免了化学清洗带来的腐蚀,因此,也不失为一种好的清洗方法。这种方法适用于清洗列管式换热器的管间,也可用于清洗板式换热器。冲洗板式换热器中的板片时,注意将板片垫平,以防变形。

四、实训操作

列管式换热器由其结构特点所决定，它的安装比较方便和灵活。

1. 列管式换热器的零件组装前的准备

① 认真阅读随机文件（合格证、材质证、流程图、装配图和装箱清单等）。
② 检查列管材质是否与换热器内介质的耐腐蚀要求相一致。
③ 按图纸检查所有的零件是否齐全，型号、尺寸是否与图纸相符。

2. 列管式换热器的零件安装

① 按设计的流程图进行组装，并按规定顺序进行夹紧。
② 液压试验要按单侧分别进行。试验压力为设备设计压力的 1.25 倍；保压 30min，检查所有密封盒焊接部位，均无渗漏为合格。

五、实训评价

请学习者和教师根据表 6-7 的实训评价内容进行学生自评和教师评价，并根据评分标准将对应的检测记录及得分填写于表中。

表 6-7　实训评价表

项目	评价内容	评分标准/分	检测记录	学生自评/分	教师评价/分	累计得分/分
列管式换热器选型和安装	正确进行列管式换热器的选型	10				
	掌握列管式换热器的维护和保养方法	15				
	掌握列管式换热器的安装方法	20				
安全性	遵守安全文明生产规范	5				
总分						
姓名：	工号：		日期：		教师：	

模块思考

1. 换热器分为哪些类型？各应用于什么场合？
2. 列管式换热器有何特点？适用于什么场合？
3. 浮头式换热器有何特点？适用于什么场合？
4. 填料函式换热器有何特点？适用于什么场合？
5. 板式换热器有何特点？
6. 换热管规格有哪些？换热管如何布置？

7. 影响管板强度的因素有哪些？
8. 固定管板式换热器中温差应力是如何产生的？如何消除温差应力？
9. 管箱的作用是什么？管箱结构形式有哪些？
10. 试说明管程流动阻力的计算式中各物理量的含义。
11. 换热器中流体流动空间如何选择？
12. 加热剂（或冷却剂）进、出口温度的确定方法是什么？
13. 何谓传热过程的强化？其途径有哪些？
14. 换热器如何正常使用？
15. 如何维护和保养列管式换热器？
16. 列管式换热器的常见故障有哪些？处理的方法是什么？
17. 板式换热器的维护和保养方法是什么？
18. 板式换热器的常见故障有哪些？处理的方法是什么？
19. 换热器怎样进行清洗？

模块七　塔设备

实训一　塔设备的类型和结构

一、实训目的

① 了解塔设备的应用场合。
② 掌握塔设备、板式塔和填料塔的分类及结构。
③ 掌握塔设备的工作原理。

二、料工准备

无须料工准备。

三、实训分析

1. 塔设备的应用

在石油、化工、轻工、医药、食品等生产过程中，常常需要将原料、中间产物或初级产品中的各个组成部分分离出来，作为产品或作为进一步生产的精制原料，如石油的分馏、合成氨的精炼等。该生产过程常称作分离过程或物质传递过程。完成这一过程的主要装置是塔设备。

塔设备通过其内部构件使气（汽）-液相和液-液相之间充分接触，进行质量传递和热量传递。通过塔设备完成的单元操作通常有：精馏、吸收、解吸、萃取等，也可用来进行介质的冷却、气体的净制与干燥以及增湿等。塔设备操作性能的优劣，对整个装置的产品产量、质量、成本、能耗、"三废"处理及环境保护等均有重大影响。因此，随着石油、化工生产的迅速发展，塔设备的合理构造与设计越来越受到关注和重视。化工生产对塔设备提出的要求如下：

① 工艺性能好。塔设备结构要使气、液两相尽可能充分接触，具有较大的接触面积和分离空间，以获得较高的传质效率。

② 生产能力大。在满足工艺要求的前提下，要使塔截面上单位时间内物料的处理量大。

③ 操作稳定性好。当气液负荷产生波动时，仍能维持稳定、连续操作，且操作弹性好。

④ 能量消耗小。要使流体通过塔设备时产生的阻力小，压降小，热量损失少，以降低塔设备的操作费用。

⑤ 结构合理。塔设备内部结构既要满足生产的工艺要求，又要结构简单，便于制造、检修和日常维护。

⑥ 选材要合理。塔设备材料要根据介质特性和操作条件进行选择，既要满足使用要求，又要节省材料，减少设备投资费用。

⑦ 安全可靠。在操作条件下，塔设备各受力构件均应具有足够的强度、刚度和稳定性，以确保生产的安全运行。

上述各项指标的重要性因不同设备而异，要同时满足所有要求很困难。因此，要根据传质种类、介质的物化性质和操作条件的具体情况具体分析，抓住主要矛盾，合理确定塔设备的类型和内部构件的结构形式，以满足不同的生产要求。

2. 塔设备的分类与结构

为了便于研究和比较，人们从不同的角度对塔设备进行分类。如按操作压力将塔设备分为加压塔、常压塔、减压塔；按单元操作将塔设备分为精馏塔、吸收塔、萃取塔、反应塔和干燥塔等。工程上最常用的是按塔的内部结构分为板式塔和填料塔。

任何塔设备都难以满足上述所有要求，因此必须了解各种塔设备的特点并结合具体的工艺要求，选择合适的塔型。

(1) 板式塔的结构特点

板式塔的内部装有多层相隔一定间距的开孔塔板，是一种逐级（板）接触的气液传质设备。塔内以塔板作为基本构件，气体自塔底向上以鼓泡喷射的形式穿过塔板上的液层，而液体则从塔顶部进入，顺塔而下。上升的气体和下降的液体主要在塔板上接触而传质、传热。两相的组分呈阶梯式变化。

板式塔的总体结构如图 7-1 所示，主要构件如下。

塔体：塔体是塔设备的外壳，通常由等直径、等壁厚的钢制圆筒和上、下椭圆封头组成。

支座：支座是塔体与基础的连接部件。塔体支座的形式一般为裙式支座。

塔内件：板式塔内件由塔板、降液管、溢流堰、紧固件、支承件及除沫装置等组成。

接管：为满足物料进出、过程监测和安装维修等要求，塔设备上有各种开孔及接管。

塔附件：塔附件包括人孔、手孔、吊柱、平台、扶梯等。

板式塔的产生与炼油、化工的发展相同步，空塔速度较高，因而生产能力较大，塔板效率稳定，操作弹性大，且造价低，检修、清洗方便，工业上应用较为广泛。随着生产的需要和技术的进步，板式塔出现了各种不同的类型。根据塔板结构，尤其是气液接触元件的不同，板式塔可分为泡罩塔、浮阀塔、筛板塔等形式。最早的泡罩塔是由 Cellier 于 1813 年提出，最早的筛板塔产生于 1832 年。

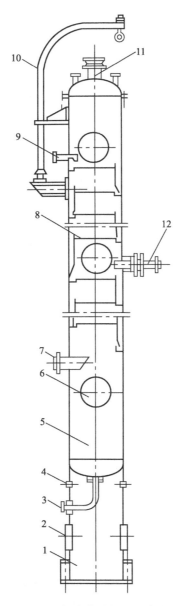

图 7-1 板式塔的结构示意图

1—裙座座圈；2—裙座人孔；3—塔底液体出口；4—裙座排气孔；5—塔体；6—人孔；
7—蒸气入口；8—塔盘；9—回流液入口；10—吊柱；11—塔顶蒸气出口；12—进料口

(2) 填料塔的结构特点

填料塔是一种以连续方式进行气、液传质的设备，其特点是结构简单、压力降小、填料种类多、具有良好的耐腐蚀性能，特别是在处理容易产生泡沫的物料和真空操作时，有其独特的优越性。过去由于填料本体特别是内件的不够完善，使得填料塔局限于处理腐蚀性介质或不宜安装塔板的小直径塔。近年来，由于填料结构的改进，新型高效填料的开发，以及对填料流体力学、传质机理的深入研究，使填料塔技术得到了迅速发展，填料塔已被推广到所有大型气、液传质操作中。在某些场合，甚至取代了传统的板式塔。

填料塔主要由塔体、填料、喷淋装置、液体分布器、填料支承结构、支座等组成，如图 7-2 所示。填料塔的塔身是一直立式圆筒，底部装有填料支承板，填料以乱堆或整砌的方式放置在支承板上。填料的上方安装填料压板，以防被上升气流吹动。液体从塔顶经液体分布器喷淋到填料上，并沿填料表面流下。气体从塔底送入，经气体分布装置（小直径塔一般不设气体分布装置）分布后，与液体呈逆流连续通过填料层的空隙，在填料表面上，气液两相密切接触进行传质。填料塔属于连续接触式气液传质设备，两相组成沿塔高连续变化，在正常操作状态下，气相为连续相，液相为分散相。

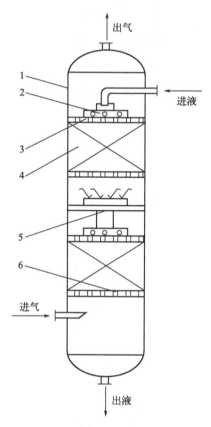

图 7-2 填料塔的结构示意图

1—塔壳体；2—液体分布器；3—填料压板；4—填料；5—液体再分布装置；6—填料支承板

当液体沿填料层向下流动时，有逐渐向塔壁集中的趋势，使得塔壁附近的液流量逐渐增大，这种现象称为壁流。壁流效应造成气液两相在填料层中分布不均，从而使传质效率下降。因此，当填料层较高时，需要进行分段，中间设置再分布装置。液体再分布装置包括液体收集器和液体再分布器两部分，上层填料流下的液体经液体收集器收集后，送到液体再分布器，经重新分布后喷淋到下层填料上。

填料塔具有生产能力大，分离效率高，压降小，持液量小，操作弹性大等优点。填料塔也有一些不足之处，如填料造价高；当液体负荷较小时不能有效地润湿填料表面，使传质效率降低；不能直接用于有悬浮物或容易聚合的物料；对侧线进料和出料等复杂精馏不太适合等。

3. 塔设备的腐蚀

由于塔设备一般由金属材料制造,所处理的物料大多为各种酸、碱、盐、有机溶剂及腐蚀性气体等介质,故腐蚀现象非常普遍。据统计,塔设备失效有一半以上是由腐蚀破坏造成的。因此,在塔设备设计和使用过程中,应特别重视腐蚀问题。

塔设备腐蚀几乎涉及腐蚀的所有类型。既有化学腐蚀,又有电化学腐蚀,既可能是局部腐蚀,又可能是均匀腐蚀。造成腐蚀的原因更是多种多样,它与塔设备的选材、介质的特性、操作条件及操作过程等诸多因素有关。如炼油装置中的常压塔,产生腐蚀的原因与类型有:原油中含有的氯化物、硫化物和水对塔体和内件产生的均匀腐蚀,致使塔壁减薄,内件形;介质腐蚀造成的浮阀因点蚀而不能正常工作;在塔体高应力区和焊缝处产生的应力腐蚀,导致裂纹扩展穿孔;在塔顶部因温度过低而产生的露点腐蚀等。

为了防止塔设备因腐蚀而破坏,必须采取有效的防腐措施,以延长设备使用寿命,确保生产正常进行。防护措施应针对腐蚀产生的原因、腐蚀类型来制定。一般采用的方法有如下几种。

(1) 正确选材

金属材料的耐腐性能,与所接触的介质有关,因此,应根据介质的特性合理选择。如各种不锈钢在大气和水中或氧化性的硝酸溶液中具有很好的耐蚀性能,但在非氧化性的盐酸、稀硫酸中,耐蚀性能较差;铜及铜合金在稀盐酸、稀硫酸中相当耐蚀,但不耐硝酸溶液的腐蚀。

(2) 采用覆盖层

覆盖层的作用是将主体与介质隔绝开来。常用的有金属覆盖层与非金属覆盖层。金属覆盖层是用对某种介质耐蚀性能好的金属材料覆盖在耐蚀性能较差的金属材料上。常用的方法如电镀、喷镀、不锈钢衬里等。非金属覆盖层常用的方法是在设备内部衬以非金属材料或涂防腐涂料。

(3) 采用电化学保护

电化学保护是通过改变金属材料与介质电极电位来达到保护金属免受电化学腐蚀的办法。电化学保护分阴极保护和阳极保护两种。其中阴极保护法应用较多。

(4) 设计合理的结构

塔设备的腐蚀在很多场合下与它们的结构有关,不合理的结构往往引起机械应力、热应力、应力集中和液体的滞留。这些都会加剧或产生腐蚀。因此,设计合理的结构也是减少腐蚀的有效途径。

(5) 添加缓蚀剂

在介质中加入一定量的缓蚀剂,可使设备腐蚀速度降低或停止。但选择缓蚀剂时,要注意对某种介质的针对性,要合理确定缓蚀剂的类型和用量。

4. 塔设备的修理

(1) 修理前的准备

当塔设备出现上述缺陷和故障时,就必须及时地进行停工修理,以免发生设备损坏事故。为了保证修理工作能安全进行，在停工后、修理前，要做好防火、防爆和防毒的安全工作，彻底吹净设备内部的可燃性或有毒性的介质。包括蒸煮、吹净、可燃性及有毒性介质的检验等。

设备在进行清除（清洗）以前，首先应截断与设备相连接的管线，然后用蒸汽蒸煮，接着用蒸汽或惰性气体（如 N_2）吹净。吹净以后，由分析人员完成设备内部残留的可燃性和有毒性介质的浓度检查。为了保证工作人员在进入设备内部工作时的安全，最后还应用空气吹净。

(2) 塔设备修理方法简述

① 清除积垢。积垢最容易在设备截面急剧改变或转角处产生，目前最常用的清除积垢的方法有机械法和化学法。

常用的机械除垢法有以下四种。

手工机械除垢法：此法是用刷、铲等简单工具来清除设备壳体内部的积垢。

水力机械除垢法：此法劳动强度低，生产率高，清除下来的积垢可以和水一起从底部流出。

风动和电动机械除垢法：生产能力较高，而且它也可以清理公称直径相接近的几种管子，一般适用于公称直径大于或等于 60mm 的管子。

喷砂除垢法：此法可以清除设备或瓷环内部的积垢。

化学除垢法是利用化学溶液与积垢起化学作用，使器壁上的积垢除去。用化学除垢法除垢后，用蒸汽或水进行洗涤。为了防止溶液对设备的腐蚀，在溶液中加入少量的缓蚀剂（小于 1%），可显著地降低溶液的腐蚀性。

② 恢复密封能力。恢复设备法兰的密封能力可用以下三种措施：拧紧松动的螺栓；更换变质的垫圈；加工不平的法兰（密封面）或更换新法兰。

四、实训操作

① 按照图 7-3 所示,正常填写板式塔各构件的名称并描述其作用。

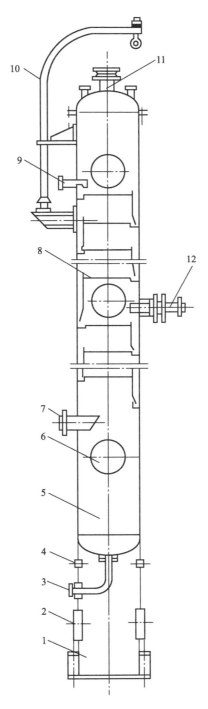

图 7-3 板式塔的结构示意图

姓名　　　　学号　　　　班级

图中 1 名称：_____。
作用：_____
_____。

图中 2 名称：_____。
作用：_____
_____。

图中 3 名称：_____。
作用：_____
_____。

图中 4 名称：_____。
作用：_____
_____。

图中 5 名称：_____。
作用：_____
_____。

图中 6 名称：_____。
作用：_____
_____。

图中 7 名称：_____。
作用：_____
_____。

图中 8 名称：_____。
作用：_____
_____。

图中 9 名称：_____。
作用：_____
_____。

图中 10 名称：_____。
作用：_____
_____。

图中 11 名称：_____。
作用：_____
_____。

图中 12 名称：_____。
作用：_____
_____。

② 按照图7-4所示，正常填写填料塔各构件的名称并描述性能特点。

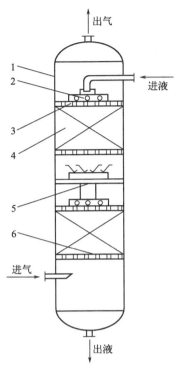

图 7-4 　填料塔的结构示意图

图中 1 名称：_____。
作用：_____
_____。

图中 2 名称：_____。
作用：_____
_____。

图中 3 名称：_____。
作用：_____
_____。

图中 4 名称：_____。
作用：_____
_____。

图中 5 名称：_____。
作用：_____
_____。

图中 6 名称：_____。
作用：_____
_____。

姓名　　　　　　学号　　　　　　班级

五、实训评价

请学习者和教师根据表 7-1 的实训评价内容进行学生自评和教师评价，并根据评分标准将对应的检测记录及得分填写于表中。

表 7-1　认识塔设备的类型和结构实训评价表

项目	评价内容	评分标准/分	检测记录	学生评价/分	教师评价/分	累计得分/分
认识塔设备的类型和结构	了解塔设备的应用场合	10				
	掌握塔设备、板式塔和填料塔的分类及结构	15				
	掌握列管换热器的安装方法	20				
安全性	认识塔设备的类型和结构	5				
总分						
姓名：		工号：		日期：		教师：

118

实训二 板式塔

一、实训目的

① 掌握板式塔的塔板类型。
② 掌握板式塔的主要构件。
③ 掌握板式塔的操作和维护方法。

二、料工准备

工具：手锤、压力器、管钳、撬杠、梅花扳手等。

三、实训分析

1. 板式塔的塔板类型

(1) 按照塔内气液流动的方式分类

按照塔内气液流动的方式，板式塔的塔板分为错流塔板与逆流塔板两类，具体内容见表 7-2、图 7-5 所示。

表 7-2　塔板的分类

分类	结构	特点	应用
错流塔板	塔板间设有降液管。液体横向流过塔板，气体经过塔板上的孔道上升，在塔板上气、液两相呈错流接触，如图 7-5(a) 所示	适当安排降液管位置和溢流堰高度，可以控制板上液层厚度，从而获得较高的传质效率。降液管约占塔板面积的 20%，影响了塔的生产能力，而且，液体横过塔板时要克服各种阻力，引起液面落差，液面落差大时，能引起板上气体分布不均匀，降低分离效率	应用广泛
逆流塔板	塔板间无降液管，气、液同时由板上孔道逆向穿流而过，如图 7-5(b) 所示	结构简单、板面利用充分，无液面落差，气体分布均匀，但需要较高的气速才能维持板上液层，操作弹性小，效率低	应用不及错流塔板广泛

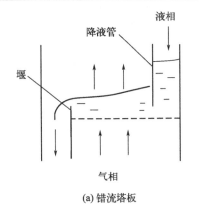 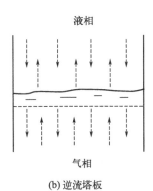

(a) 错流塔板　　　　　　　　(b) 逆流塔板

图 7-5　塔板分类

(2) 按结构分类

① 泡罩塔：如图 7-6 所示，塔板上设有许多供蒸汽通过的升气管，其上覆以钟形泡罩，升气管与泡罩之间形成环形通道。泡罩周边开有很多称为齿缝的长孔，齿缝全部浸在板上液体中形成液封。操作时，气体沿升气管上升，经升气管与泡罩间的环隙，通过齿缝被分散成许多细小的气泡，气泡穿过液层，形成泡沫层，以加大两相间的接触面积。流体由上层塔板降液管流到下层塔板的一侧，横过板上的泡罩后，开始分离所夹带的气泡，再越过溢流堰进入另一侧降液管，在管中气、液进一步分离，分离出的蒸汽返回塔板上方，流体流到下层塔板。一般小塔采用圆形降液管，大塔采用弓形降液管。

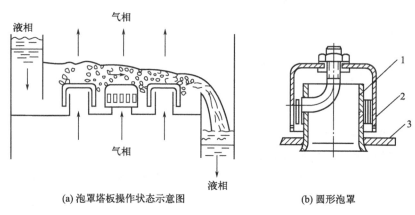

(a) 泡罩塔板操作状态示意图　　(b) 圆形泡罩

图 7-6　泡罩塔结构示意图

1—升气管；2—泡罩；3—塔板

泡罩塔的优点是：相对于其他塔形操作稳定性较好，易于控制，负荷有变化时仍有较好的弹性，介质适应范围广。缺点是生产能力较低，流体流经塔盘时阻力与压降大，且结构较复杂，造价较高，制造加工有较大难度。

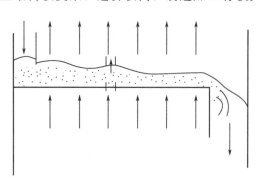

图 7-7　筛板塔结构示意图

② 筛板塔：筛板塔结构如图 7-7 所示，塔盘为一钻有许多孔的圆形平板。筛板分为筛孔区、无孔区、溢流堰、降液管区等几个部分。筛孔直径一般为 $\phi 3 \sim 8$，通常按正三角形布置，孔间距与孔径的比值为 $3 \sim 4$。随着研究的深入，近年来，发展了大孔径（$\phi 20 \sim 25$）和导向筛板等多种形式。筛板塔内的气体从下而上，通过各层筛板孔进入液层鼓泡而出，与液体接触进行气、液间的传质与传热。液体则从降液管流下，横经筛孔区，再由降液管进入下层塔板。

筛板塔与泡罩塔相比，生产能力提高 20%～40%，塔板效率高 10%～15%，压力降小于 30%～50%，且结构简单，造价较低，制造、加工、维修方便，故在许多场合都取代了泡罩塔。筛板塔的缺点是操作弹性不如泡罩塔，当负荷有变动时，操作稳定性差。当介质黏性较大或含杂质较多时，筛孔易堵塞。

③ 浮阀塔：浮阀塔是 20 世纪 50 年代开发的一种较好的塔。在带有降液管的塔板上开有若干直径较大（标准孔径为 39mm）的均布圆孔，孔上覆以可在一定范围内自由活动的浮阀。浮阀型式很多，常用的有 F1 型、V-4 型、T 型浮阀，见图 7-8。

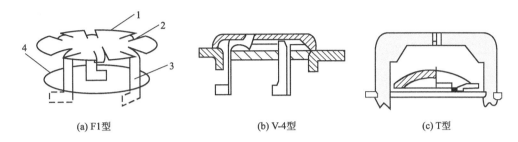

(a) F1型　　　　　　　(b) V-4型　　　　　　　(c) T型

图 7-8　浮阀型式结构示意图

1—浮阀片；2—凸缘；3—浮阀"腿"；4—塔板上的孔

操作时，液相流程和前面介绍的泡罩塔一样，气相经阀孔上升顶开阀片、穿过环形缝隙，再以水平方向吹入液层形成泡沫，随着气速的增减，浮阀能在相当宽的范围内稳定操作，因此目前获得较广泛的应用。

④ 喷射型塔板：筛板上气体通过筛孔及液层后，会夹带着液滴垂直向上流动，并将部分液滴带至上层塔板，这种现象称为雾沫夹带。雾沫夹带的产生固然可增大气液两相的传质面积，但过量的雾沫夹带会造成液相在塔板间返混，进而导致塔板效率严重下降。在浮阀塔板上，虽然气相从阀片下方以水平方向喷出，但阀与阀间的气流相互撞击，汇成较大的向上气流速度，也造成严重的雾沫夹带现象。此外，前述各类塔板上存在或低或高的液面落差，引起气体分布不均，不利于提高分离效率。基于这些缺点，开发出若干种喷射型塔板，如图 7-9～图 7-11 所示，在这些塔板上，气体喷出的方向与液体流动的方向一致或相反，可充分利用气体的动能来促进两相间的接触，提高传质效果；气体不必再通过较深的液层，因而压强降显著减小，且因雾沫夹带量较小，故可采用较大的气速。

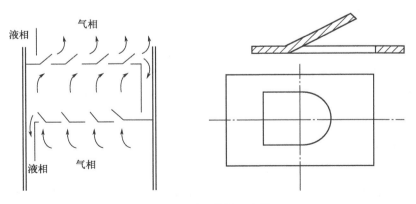

图 7-9　舌形塔板示意图

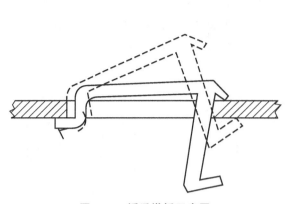

图 7-10 浮舌塔板示意图　　图 7-11 斜孔塔板示意图

2. 板式塔的主要构件

(1) 塔盘

根据塔径的大小，板式塔的塔盘有整块式塔盘和分块式塔盘两类。当塔径小于或等于 800mm 时，建议采用整块式塔盘，当塔径大于或等于 900mm 时，人已经可以进入塔中安装，可采用分块式塔盘，塔径在 800～900mm 时，也可根据制造和安装的具体情况而定。

(2) 除沫装置

除沫装置的作用是分离出塔气体中所含的雾滴，以保证传质效率，减少物料的损失，以保证气体的纯度，改善后继设备的操作条件。常用除沫装置有丝网除沫器、折流除沫器、旋流板除沫器等。

(3) 裙座

裙座有圆筒形和圆锥形。

裙座的结构（图 7-12）：裙座筒体、基础环、地脚螺栓座、人孔、排气孔、排液孔、引出管通道、保温支承圈等。

(4) 吊柱

吊柱的作用是为了安装、拆卸内件，更换或补充填料（室外无框架整体塔设备）。吊柱位置在塔顶，吊柱中心线与人孔中心线间应有合适的夹角，便于操作。吊柱管用 20 无缝钢管，其他部件用 Q235-A 和 Q235-A·F。吊柱与塔连接的衬板应与塔体材料相同，主要结构尺寸参数参照系列标准。

3. 板式塔的维护原理

(1) 板式塔内气液两相的非理想流动

① 空间上的反向流动：空间上的反向流动是指与主体流动方向相反的液体或气体的流动，主要有两种。

a. 雾沫夹带：板上液体被上升气体带入上一层塔板的现象称为雾沫夹带。雾沫夹

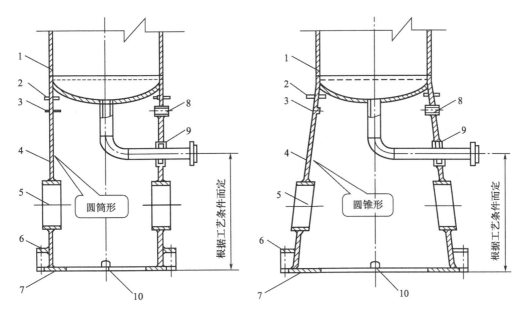

图 7-12 裙座的结构

1—塔体；2—保温支承圈；3—无保温时排气孔；4—裙座筒体；5—人孔；
6—螺栓座；7—基础环；8—有保温时排气孔；9—引出管通道；10—排液孔

带量主要与气速和板间距有关，其随气速的增大和板间距的减小而增加。雾沫夹带是一种液相在塔板间的返混现象，使传质推动力减小，塔板效率下降。为保证传质的效率，维持正常操作，正常操作时应控制雾沫夹带量不超过 0.1kg（液体）/kg（干气体）。

b. 气泡夹带：由于液体在降液管中停留时间过短，而气泡来不及解脱被液体带入下一层塔板的现象称为气泡夹带。气泡夹带是与气体的流动方向相反的气相返混现象，使传质推动力减小，降低塔板效率。通常在靠近溢流堰一狭长区域不开孔，称为出口安定区，使液体进入降液管前有一定时间脱除其中所含的气体，减少气相返混现象。为避免严重的气泡夹带，工程上规定，液体在降液管内应有足够的停留时间，一般不得低于 5s。

② 空间上的不均匀流动：空间上的不均匀流动是指气体或液体流速的不均匀分布。与返混现象一样，不均匀流动同样使传质推动力减少。

a. 气体沿塔板的不均匀分布：从降液管流出的液体横跨塔板流动必须克服阻力，板上液面将出现位差，塔板进、出口侧的清液高度差称为液面落差。液面落差的大小与塔板结构有关，还与塔径和液体流量有关。液体流量越大，行程越大，液面落差越大。液面落差的存在将导致气流的不均匀分布，在塔板入口处，液层阻力大，气量小于平均数值；而在塔板出口处，液层阻力小，气量大于平均数值，如图 7-13 所示。不均匀的气流分布对传质是个不利因素。为此，对于直径较大的塔，

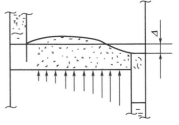

图 7-13 气体沿塔板的不均匀分布

设计中常采用双溢流或阶梯溢流等溢流形式来减小液面落差,以降低气体的不均匀分布。

b. **液体沿塔板的不均匀流动**:液体自塔板一端流向另一端时,在塔板中央,液体行程较短而直,阻力小,流速大。在塔板边缘部分,行程长而弯曲,又受到塔壁的牵制,阻力大,因而流速小,因此,液流量在塔板上的分配是不均匀的。这种不均匀性的严重发展会在塔板上造成一些液体流动不畅的滞留区。与气体分布不均匀相仿,液流不均匀性所造成的总结果使塔板的物质传递量减少,是不利因素。液流分布的不均匀性与液体流量有关,低流量时该问题尤为突出,可导致气液接触不良,易产生干吹、偏流等现象,塔板效率下降。为避免液体沿塔板流动严重不均,操作时一般要保证出口堰上液层高度不得低于6mm,否则宜采用上缘开有锯齿形缺口的堰板。塔板上的非理想流动虽然不利于传质过程的进行,影响传质效果,但塔还可以维持正常操作。

(2) 塔式板的不正常操作现象

如果板式塔设计不良或操作不当,塔内将会产生使塔不能正常操作的现象,通常指漏液和液泛两种情况。

① **漏液**:气体通过筛孔的速度较小时,气体通过筛孔的动压不足以阻止板上液体的流下,液体会直接从孔口落下,这种现象称为漏液。漏液量随孔速的增大与板上液层高度的降低而减小。漏液会影响气液在塔板上的充分接触,降低传质效果,严重时将使塔板上不能积液而无法操作。正常操作时,一般控制漏液量不大于液体流量的10%。

塔板上的液面落差会引起气流分布不均匀,在塔板入口处由于液层较厚,往往出现倾向性漏液,为此常在塔板液体入口处留出一条不开孔的区域,称为安定区。

② **液泛**:为使液体能稳定地流入下一层塔板,降液管内须维持一定高度的液柱。气速增大,气体通过塔板的压降也增大,降液管内的液面相应地升高;液体流量增加,液体流经降液管的阻力增加,降液管液面也相应地升高。例如降液管中泡沫液体高度超过上层塔板的出口堰,板上液体将无法顺利流下,液体充满塔板之间的空间,即液泛。液泛是气液两相做逆向流动时的操作极限。发生液泛时,压力降急剧增大,塔板效率急剧降低,塔的正常操作将被破坏,在实际操作中要避免之。

根据液泛发生原因的不同,可分为两种情况:一种为塔板上液体流量很大,上升气体速度很高时,雾沫夹带量剧增,上层塔板上液层增厚,塔板液流不畅,液层迅速积累,以致液泛,这种由于严重的雾沫夹带引起的液泛称为夹带液泛;另一种为当塔内气、液两相流量较大,导致降液管内阻力及塔板阻力增大时,均会引起降液管液层升高,当降液管内液层高度难以维持塔板上液相畅通时,降液管内液层迅速上升,以致达到上一层塔板,逐渐充满塔板空间,发生液泛,称之为降液管液泛。

开始发生液泛时的气速称为泛点气速。正常操作时气速应控制在泛点气速之下。影响液泛的因素除气、液相流量外,还与塔板的结构特别是塔板间距有关。

(3) 塔板的负荷性能图及操作分析

影响板式塔操作状况和分离效果的主要因素为物料性质、塔板结构及气液负荷。对一定的分离物系,当选定塔板类型后,其操作状况和分离效果只与气液负荷有关。要维持塔板正常操作，必须将塔内的气液负荷限制在一定的范围内，该范围即为塔板的负荷性能。将此范围绘制在直角坐标系中，以液相负荷 L 为横坐标，气相负荷 V 为纵坐标，所得图形称为塔板的负荷性能图，如图7-14所示。负荷性能图由以下五条线组成。

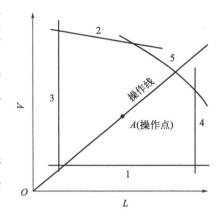

图7-14 塔板的负荷性能图

① 漏液线：图中1线为漏液线，又称气相负荷下限线。若操作时气相负荷低于此线，将发生严重的漏液现象，此时的漏液量大于液体流量的10%。塔板的适宜操作区应在该线以上。

② 液沫夹带线：图中2线为液沫夹带线，又称气相负荷上限线。如操作时气液相负荷超过此线，表明液沫夹带现象严重，此时液沫夹带量大于0.1kg（液）/kg（气）。塔板的适宜操作区应在该线以下。

③ 液相负荷下限线：图中3线为液相负荷下限线。若操作时液相负荷低于此线，表明液体流量过低，板上液流不能均匀分布，气液接触不良，塔板效率下降。塔板的适宜操作区应在该线以右。

④ 液相负荷上限线：图中4线为液相负荷上限线。若操作时液相负荷高于此线，表明液体流量过大，此时液体在降液管内停留时间过短，发生严重的气泡夹带，使塔板效率下降。塔板的适宜操作区应在该线以左。

⑤ 液泛线：图中5线为液泛线。若操作时气液负荷超过此线，将发生液泛现象，使塔不能正常操作。塔扳的适宜操作区在该线以下。

在塔板的负荷性能图中，五条线所包围的区域称为塔板的适宜操作区，在此区域内，气液两相负荷的变化对塔板效率影响不太大，故塔应在此范围内进行操作。

操作时的气相负荷 V 与液相负荷 L 在负荷性能图上的坐标点称为操作点。在连续精馏塔中，操作的气液比 V/L 为定值，因此，在负荷性能图上气液两相负荷的关系为通过原点、斜率为 V/L 的直线，该直线称为操作线。操作线与负荷性能图的两个交点分别表示塔的上下操作极限，两极限的气体流量之比称为塔板的操作弹性。设计时，应使操作点尽可能位于适宜操作区的中央，若操作线紧靠某条边界线，则负荷稍有波动，塔即出现不正常操作。

应予指出，当分离物系和分离任务确定后，操作点的位置即固定，但负荷性能图中各条线的相应位置随着塔板的结构尺寸而变。因此，在设计塔板时，根据操作点在负荷性能图中的位置，适当调整塔板结构参数，可改进负荷性能图，以满足所需的操作弹性。例如，加大板间距可使液泛线上移，减小塔板开孔率可使漏液线下移，增加降液管面积可使液相负荷上限线右移等。

塔板负荷性能图在板式塔的设计及操作中具有重要的意义。设计时使用负荷性能图可以检验设计的合理性，操作时使用负荷性能图，以分析操作状况是否合理，当板式塔操作出现问题时分析问题所在，为解决问题提供依据。

四、实训操作

1. 板式塔设备开车前准备

一般塔设备在检修完毕或重新开车前应做好以下几项工作：

① 认真检查水、电、汽是否能够保证正常生产需要。

② 检查各种物料输送装置如泵、压缩机等设备是否能正常运转。

③ 检查设备、仪表、防火安全设施是否齐全完备，是否有计算机自控装置应试调系统。

④ 所有阀门要处于正常运行的开、闭状态，并保证不能有渗漏、逃汽跑液现象。

⑤ 各冷凝、冷却器事先要试验是否渗漏，安排先后送水预冷，整个塔设备要先送蒸汽温塔。

⑥ 疏通前后工段联系，掌握进料浓度和储备槽液量，通知化验室做取样分析准备工作。

2. 典型板式塔设备的操作要求

由于板式塔设备在化工生产中的应用非常广泛，无法一一说明其操作过程，这里仅以石油炼制中常见的常压蒸馏装置的精馏塔为例介绍其操作规程。

① 检查精馏塔系统阀门关/开是否正确。蒸馏开始前，开启冷却水循环系统，并打开泄压阀，然后打开冷凝器冷却水阀门，将水压调整到 0.15MPa，关闭进料转子流量计阀门。

② 开启精馏塔系统真空装备，真空度按具体工艺要求选择，如果蒸馏物料挥发性强，开启盐水机组，启用冷凝系统，捕集物料。

③ 启动磁力泵，将蒸馏物料送入计量罐内，再输送至高位槽。

④ 打开预热汽阀，打开塔釜蒸汽阀，并将蒸汽压力控制在需要的范围之内，保持设定温度。

⑤ 检查塔体、塔釜、残液槽之间连接管道的阀门开启是否正确。

⑥ 选择合适的进塔料口，打开转子流量计，流量根据具体情况加以调整。

⑦ 蒸馏过程必须监控真空度、蒸汽压力、流量、物料输送以及出料情况。

⑧ 蒸馏完毕，排渣，清洗系统。

3. 板式塔设备的停车

通常每年要定期停车检修，将塔设备打开，检修其内部部件。注意在拆卸塔板时，每层塔板要做出标记，以便重新装配时出现差错。此外在停车检查前预先准备好备件，如密封件、连接件等，以更换或补充。停车检查项目如下：

① 取出塔板或填料，检查、清洗污垢或杂质。

② 检测塔壁厚度，做出减薄预测曲线，评价腐蚀情况，判断塔设备的使用寿命；检查塔体有无渗漏现象，做出渗漏处的修理安排。

③ 检查塔板或塔料的磨损破坏情况。

④ 检查液面计、压力计、安全阀是否发生堵塞和在规定压力下的动作,必要时重新调整和校正。

⑤ 如果在运行中发现有异常振动,停车检查时要查明原因。

五、实训评价

请学习者和教师根据表 7-3 的实训评价内容进行学生自评和教师评价,并根据评分标准将对应的检测记录及得分填写于表中。

表 7-3 认识板式塔设备的类型和结构实训评价表

项目	评价内容	评分标准/分	检测记录	学生评价/分	教师评价/分	累计得分/分
认识板式塔设备的类型和结构	掌握板式塔的塔板类型	5				
	掌握板式塔的主要构件	15				
	掌握板式塔的操作和维护方法	20				
安全性	遵守安全文明生产规范	10				
总分						
姓名:		工号:		日期:		教师:

实训三 填料塔

一、实训目的

① 了解填料塔的应用。
② 掌握填料的类型和性能。
③ 了解填料塔的填料选择。
④ 掌握填料塔的安装、维护和常见故障处理。

二、料工准备

工具：手锤、压力器、管钳、撬杠、梅花扳手等。

三、实训分析

1. 填料塔的应用

自 1904 年开始，填料塔用于原油蒸馏，塔内充填碎瓦、砖块或石块作为填料。随着 1914 年拉西环填料的出现，人们对填料塔技术才有了科学的认识，塔内的填充物开始由具有一定几何形状的填料所代替。1937 年，以第一种规整填料斯特曼填料的出现为标志，填料塔技术开始进入现代发展时期，直到 20 世纪 60 年代才有了实质性的进展。

2. 填料塔的填料类型

填料的种类很多，根据装填方式的不同，可分为散装填料和规整填料。

(1) 散装填料

散装填料是一个个具有一定几何形状和尺寸的颗粒体，一般以随机的方式堆积在塔内，又称为乱堆填料或颗粒填料。散装填料根据结构特点的不同，又可分为环形填料、鞍形填料、环鞍形填料及球形填料等。现介绍几种较为典型的散装填料。

① 拉西环填料：拉西环填料于 1914 年由拉西发明，为外径与高度相等的圆环，如图 7-15 所示。拉西环填料的气液分布较差，传质效率低，阻力大，通量小，目前工业上已较少应用。

② 鲍尔环填料：如图 7-16 所示，鲍尔环填料是对拉西环填料的改进，在拉西环填料的侧壁上开出两排长方形的窗孔，被切开的环壁的一侧仍与壁面相连，另一侧向环内弯曲，形成内伸的舌叶，诸舌叶的侧边在环中心相搭。鲍尔环由于环壁开孔，大大提高了环内空间及环内表面的利用率，气流阻力小，液体分布均匀。与拉西环相比，鲍尔环填料的气体通量可增加 50% 以上，传质效率可提高 30% 左右。鲍尔环填料是一种应用较广的填料。

③ 阶梯环填料：如图 7-17 所示，阶梯环填料是对鲍尔环填料的改进，与鲍尔环填料相比，阶梯环填料高度减少了一半，并在一端增加了一个锥形翻边。由于高径比减

图 7-15　拉西环填料

(a) 金属鲍尔环填料　　　　　　　(b) 塑料鲍尔环填料　　　　　(c) 改型鲍尔环填料

图 7-16　鲍尔环填料

(a) 金属阶梯环填料　　　　　　　　　　(b) 塑料阶梯环填料

图 7-17　阶梯环填料

少，得气体绕填料外壁的平均路径大为缩短，减少了气体通过填料层的阻力。锥形翻边不仅增加了填料的机械强度，而且使填料之间由线接触为主变成以点接触为主，这样不但增加了填料间的空隙，同时成为液体沿填料表面流动的汇集分散点，可以促进液膜的表面更新，有利于传质效率的提高。阶梯环填料的综合性能优于鲍尔环填料，成为目前所使用的环形填料中最为优良的一种。

④ 弧鞍填料：弧鞍填料属鞍形填料的一种，其形状如同马鞍，一般采用瓷质材料制成，如图 7-18 所示。弧鞍填料的特点是表面全部敞开，不分内外，液体在表面两侧均匀流动，表面利用率高，流道呈弧形，流动阻力小。其缺点是易发生套叠，致使一部分填料表面被重合，使传质效率降低。弧鞍填料强度较差，易破碎，工业生产中应用不多。

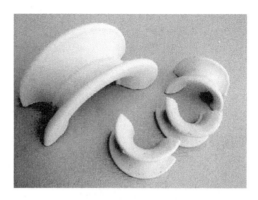

图 7-18　瓷质弧鞍填料

⑤ 矩鞍填料：如图 7-19 所示，将弧鞍填料两端的弧形面改为矩形面，且两面大小不等，即成为矩鞍填料。矩鞍填料堆积时不会套叠，液体分布较均匀。矩鞍填料一般采用瓷质材料制成，其性能优于拉西环填料。目前，国内绝大多数应用瓷拉西环的场合，均已采用被瓷矩鞍填料代替。

(a) 瓷质矩鞍填料

(b) 聚丙烯矩鞍填料

图 7-19　各种类型的矩鞍填料

⑥ 环矩鞍填料：环矩鞍填料是兼顾环形和鞍形结构特点而设计出的一种新型填料，该填料一般以金属材质制成，故又称为金属环矩鞍填料（图 7-20）。环矩鞍填料将环形填料和鞍形填料两者的优点集于一体，其综合性能优于鲍尔环填料和阶梯环填料，在散装填料中应用较多。

图 7-20　金属环矩鞍填料

⑦ 球形填料：一般采用塑料注塑而成，其结构有多种，如图 7-21 所示。球形填料的特点是球体为空心，可以允许气体、液体从其内部通过。由于球体结构的对称性，填料装填密度均匀，不易产生空穴和架桥，所以气液分散性能好。球形填料一般只适用于某些特定的场合，工程上应用较少。

(a) 聚丙烯浮球填料　　　　　　(b) 多面空心球填料

图 7-21　球形填料

除上述几种较典型的散装填料外，近年来不断有构型独特的新型填料开发出来，如共轭环填料、海尔环填料、纳特环填料等。工业上常用的散装填料的特性数据可查有关手册。

(2) 规整填料

规整填料是按一定的几何构型排列，整齐堆砌的填料。规整填料种类很多，根据其几何结构可分为格栅填料、波纹填料、脉冲填料等。

① 格栅填料：格栅填料是以条状单元体经一定规则组合而成的，具有多种结构形式。工业上应用最早的格栅填料为如图 7-22(a) 所示的木格栅填料。目前应用较为普遍的有格里奇格栅填料、网孔格栅填料、蜂窝格栅填料等，其中以图 7-22(b) 所示的格里奇格栅填料最具代表性。

(a) 木格栅填料　　(b) 格里奇格栅填料　　(c) 金属丝网波纹填料　　(d) 金属孔板波纹填料

图 7-22　几种典型的规整填料

② 波纹填料：目前工业上应用的规整填料绝大部分为波纹填料，它是由许多波纹薄板组成的圆盘状填料，波纹与塔轴的倾角有 30°和 45°两种，组装时相邻两波纹板反向靠叠。各盘填料垂直装于塔内，相邻的两盘填料间交错 90°排列。波纹填料按结构可分为网波纹填料和板波纹填料两大类，其材质又有金属、塑料和陶瓷等之分。

如图 7-22(c) 所示，金属丝网波纹填料是网波纹填料的主要形式，它是由金属丝网制成的。金属丝网波纹填料的压降低，分离效率很高，特别适用于精密精馏及真空精馏装置，为难分离物系、热敏性物系的精馏提供了有效的手段。尽管其造价高，但因其性能优良仍得到了广泛的应用。

如图 7-22(d) 所示，金属孔板波纹填料是板波纹填料的一种主要形式。该填料的波纹板片上冲压有许多 5mm 左右的小孔，可起到粗分配板片上的液体、加强横向混合的作用。波纹板片上轧成细小沟纹，可起到细分配板片上的液体、增强表面润湿性能的作用。金属孔板波纹填料强度高，耐腐蚀性强，特别适用于大直径塔及气液负荷较大的场合。金属压延孔板波纹填料是另一种有代表性的板波纹填料。它与金属孔板波纹填料的主要区别在于板片表面不是冲压孔，而是刺孔，用辊轧方式在板片上辊出很密的孔径为 0.4~0.5mm 小刺孔。其分离能力类似于网波纹填料，但抗堵能力比网波纹填料强，并且价格便宜，应用较为广泛。

波纹填料的优点是结构紧凑，阻力小，传质效率高，处理能力大，比表面积大（常用的有 125、150、250、350、500、700 等几种）。波纹填料的缺点是不适于处理黏度大、易聚合或有悬浮物的物料，且装卸、清理困难，造价高。

③ 脉冲填料：是由带缩颈的中空棱柱形个体，按一定方式拼装而成的一种规整填料。脉冲填料组装后，会形成带缩颈的多孔棱形通道，其纵面流道交替收缩和扩大，气液两相通过时产生强烈的湍动。在缩颈段，气速最高，湍动剧烈，从而强化传质。在扩大段，气速减到最小，实现两相的分离。流道收缩、扩大的交替重复，实现了"脉冲"传质过程。脉冲填料的特点是处理量大，压降小，是真空精馏的理想填料。因其优良的液体分布性能使放大效应减少，故特别适用于大塔径的场合。工业上常用规整填料的特性参数可参阅有关手册。

3. 填料塔的填料性能

(1) 填料的几何特性

填料的几何特性数据主要包括比表面积、空隙率、填料因子等，是评价填料性能的基本参数。

① 比表面积。单位体积填料的填料表面积称为比表面积，以 a 表示，其单位为 m^2/m^3。填料的比表面积越大，所提供的气液传质面积越大。因此，比表面积是评价填料性能优劣的一个重要指标。

② 空隙率。单位体积填料中的空隙体积称为空隙率，以 e 表示，其单位为 m^3/m^3，或以%表示。填料的空隙率越大，气体通过的能力越大，且压降低。因此，空隙率是评价填料性能优劣的又一重要指标。

③ 填料因子。填料的比表面积与空隙率三次方的比值，即 a/e^3，称为填料因子，以 f 表示，其单位为 1/m。填料因子分为干填料因子与湿填料因子，填料未被液体润湿时的 a/e^3 称为干填料因子，它反映填料的几何特性；填料被液体润湿后，填料表面覆盖了一层液膜，a 和 e 均发生相应的变化，此时的 a/e^3 称为湿填料因子，它表示填料的流体力学性能，f 值越小，表明流动阻力越小。

(2) 填料的性能评价

填料的性能的优劣通常根据效率、通量及压降来衡量。在相同的操作条件下，填料塔内气液分布越均匀，表面润湿性能越优良，则传质效率越高；填料的空隙率越大，结构越开放，则通量越大，压降也越低。

4. 填料塔的内件

填料塔的内件主要有填料支承装置、填料压紧装置、液体分布装置、液体收集及再分布装置等。合理地选择和设计塔内件，对保证填料塔的正常操作及优良的传质性能十分重要。

(1) 填料支承装置

填料支承装置的作用是支承塔内的填料，常用的填料支承装置有如图 7-23 所示的栅板型、孔管型、驼峰型等。支承装置的选择，主要的依据是塔径、填料种类及型号、塔体及填料的材质、气液流率等。

(a) 栅板型　　　　　　　(b) 孔管型　　　　　　　(c) 驼峰型

图 7-23　填料支承装置

(2) 填料压紧装置

填料上方安装压紧装置可防止在气流的作用下填料床层发生松动和跳动。填料压紧装置分为填料压板和床层限制板两大类，每类又有不同的型式，图 7-24 中列出了几种常用的填料压紧装置。填料压板自由放置于填料层上端，靠自身重量将填料压紧。它适用于陶瓷、石墨等制成的易发生破碎的散装填料。床层限制板用于金属、塑料等制成的不易发生破碎的散装填料及所有规整填料。床层限制板要固定在塔壁上，为不影响液体分布器的安装和使用，不能采用连续的塔圈固定，对于小塔可用螺钉固定于塔壁，而大塔则用支耳固定。

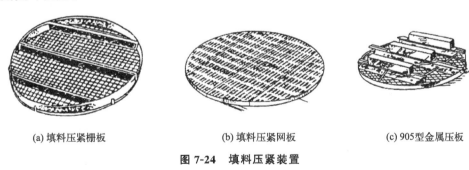

(a) 填料压紧栅板　　　　　(b) 填料压紧网板　　　　　(c) 905型金属压板

图 7-24　填料压紧装置

(3) 液体分布装置

液体分布器的种类多样，有喷头式、盘式、管式、槽式及槽盘式等。

喷头式分布器如图 7-25(a) 所示。液体由半球形喷头的小孔喷出，小孔直径为 3～10mm，作同心圈排列，喷洒角小于或等于 80°，直径为 (1/5～1/3)D。这种分布器结构简单，只适用于直径小于 600mm 的塔中，因小孔容易堵塞，一般应用较少。

盘式分布器有盘式筛孔型分布器、盘式溢流管式分布器等形式。如图 7-25(b)、(c)

所示。液体加至分布盘上，经筛孔或溢流管流下。分布盘直径为塔径的 0.6～0.8 倍，此种分布器用于 D 小于 800mm 的塔中。

管式分布器由不同结构形式的开孔管制成。其突出的特点是结构简单，供气体流过的自由截面大，阻力小、但小孔易堵塞，弹性一般较小。管式分布器使用十分广泛，多用于中等以下液体负荷的填料塔中。在减压精馏及丝网波纹填料塔中，由于液体负荷较小，故常用之。管式分布器有排管式、环管式等不同形状，如图 7-25(d)、(e) 所示。根据液体负荷情况，可做成单排或双排。

槽式分布器通常是由分流槽（又称主槽或一级槽）、分布槽（又称副槽或二级槽）构成的。一级槽通过槽底开孔将液体初分成若干流股，分别加入其下方的液体分布槽。分布槽的槽底（或槽壁）上设有孔道（或导管），将液体均匀分布于填料层上。如图 7-25(f) 所示。

槽式分布器具有较大的操作弹性和极好的抗污堵性，应用范围非常广泛。

槽盘式分布器是近年来开发的新型液体分布器，它将槽式及盘式分布器的优点有机地结合一体，兼有集液、分液及分气三种作用，结构紧凑，操作弹性高达 10∶1。气液分布均匀，阻力较小，特别适用于易发生夹带、易堵塞的场合。槽盘式分布器的结构如图 7-25(g) 所示。

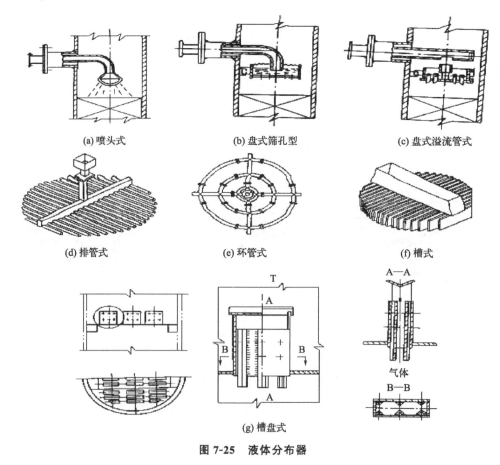

图 7-25　液体分布器

(4) 液体收集及再分布装置

液体沿填料层向下流动时,有偏向塔壁流动的现象,这种现象称为壁流。壁流将导致填料层内气液分布不均,使传质效率下降。为减小壁流现象,可间隔一定高度在填料层内设置液体再分布装置。最简单的液体再分布装置为截锥式再分布器,如图 7-26(a)所示。截锥式再分布器结构简单,安装方便,但它只起到将壁流向中心汇集的作用,无液体再分布的功能,一般用于直径小于 0.6m 的塔中。在通常情况下,一般将液体收集器及液体分布器同时使用,构成液体收集及再分布装置。液体收集器的作用是将上层填料流下的液体收集,然后送至液体分布器进行液体再分布。常用的液体收集器为斜板式液体收集器,如图 7-26(b) 所示。

前已述及,槽盘式液体分布器兼有集液和分液的功能,故槽盘式液体分布器是优良的液体收集及再分布装置。

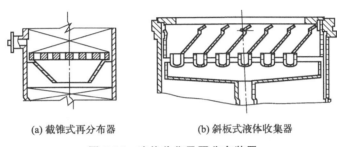

(a) 截锥式再分布器　　　　(b) 斜板式液体收集器

图 7-26　液体收集及再分布装置

(5) 除沫器

除沫器用来除去填料层顶部逸出的气体中的液滴,安装在液体分布器上方。当塔内气速不大,工艺过程无严格要求时,一般可不设除沫器。除沫器种类很多,常见的有折板除沫器、丝网除沫器、旋流板除沫器。折板除沫器阻力较小(50~100Pa),只能除去 50μm 的微小液滴,压降不大于 250Pa,但造价较高。旋流板除沫器压降为 300Pa 以下,其造价比丝网除沫器便宜,除沫效果比折板除沫器好。

5. 填料塔的填料选择

填料的选择包括确定填料的种类、规格及材质等。所选填料既要满足生产工艺的要求,又要使设备投资与操作费用和最低。

填料种类的选择通常考虑以下几个方面。

① 传质效率要高。一般而言,规整填料的传质效率高于散装填料。

② 通量要大。在保证具有较高传质效率的前提下,应选择具有较高泛点气速或气相动能因子的填料。

③ 填料层的压降要低。

④ 填料抗污堵性能强,拆装、检修方便。

工业塔常用的散装填料主要有 DN16、DN25、DN38、DN50、DN76 等几种规格。同类填料,尺寸越小,分离效率越高,但阻力增加,通量减少,填料费用也增加很多。大尺寸的填料应用于小直径塔中,会产生液体分布不良及严重的壁流,使塔的分离效率降低，因此，对塔径与填料尺寸的比值要有一规定，一般塔径与填料公称直径的比值 D/d 应大于 8。

工业上常用规整填料的型号和规格的表示方法很多，国内习惯用比表面积表示，主要有 125、150、250、350、500、700 等几种规格。同种类型的规整填料，其比表面积越大，传质效率越高，但阻力增加，通量减少，填料费用也明显增加。选用时应从分离要求、通量要求、场地条件、物料性质及设备投资、操作费用等方面综合考虑，使所选填料既能满足技术要求，又具有经济合理性。

应予指出，一座填料塔可以选用同种类型、同一规格的填料，也可选用同种类型、不同规格的填料；可以选用同种类型的填料，也可以选用不同类型的填料；有的塔段可选用规整填料，而有的塔段可选用散装填料。具体操作应用时应灵活掌握，根据技术经济统一的原则来选择填料的规格。

填料的材质分为陶瓷、金属和塑料三大类。

① 陶瓷填料：具有很好的耐腐蚀性及耐热性。陶瓷填料价格便宜，具有很好的表面润湿性能，质脆、易碎是其最大缺点，在气体吸收、气体洗涤、液体萃取等过程中应用较为普遍。

② 金属填料：可由多种材质制成，选择时主要考虑耐腐蚀性问题。碳钢填料造价低，且具有良好的表面润湿性能，对于无腐蚀或低腐蚀性物系应优先考虑使用；不锈钢填料耐腐蚀性强，一般能耐除 Cl^- 以外常见物系的腐蚀，但其造价较高，且表面润湿性能较差，在某些特殊场合（如极低喷淋密度下的减压精馏过程），需对其表面进行处理，才能取得良好的使用效果；钛材、特种合金钢等材质制成的填料造价很高，一般只在某些腐蚀性极强的物系下使用。

一般来说，金属填料可制成薄壁结构，它的通量大、气体阻力小，且具有很高的抗冲击性能，能在高温、高压、高冲击强度下使用，应用范围最为广泛。

③ 塑料填料：材质主要包括聚丙烯（PP）、聚乙烯（PE）及聚氯乙烯（PVC）等，国内一般多采用聚丙烯材质。塑料填料的耐腐蚀性能较好，可耐一般的无机酸、碱和有机溶剂的腐蚀。其耐温性良好，可长期在 100℃ 以下使用。

塑料填料质轻、价廉，具有良好的韧性，耐冲击、不易碎，可以制成薄壁结构。它的通量大、压降低，多用于吸收、解吸、萃取、除尘等装置中。塑料填料的缺点是表面润湿性能差，但可通过适当的表面处理可改善其表面润湿性能。

6. 填料塔的日常检查

对填料塔进行的日常检查应该包括下列几项。

① 定期检查、清理，更换莲蓬头或溢流管，保持不堵塞、不破损、不偏斜，使喷淋装置能把液体均匀分布到填料上。

② 进塔气体的压力和流速不能过大，否则填料将会被吹乱或带走，严重降低气、液两相接触效率。

③ 控制进气温度，防止塑料填料软化或变质，增加气流阻力。

④ 进塔的液体不能含有杂物，太脏时应过滤，避免杂物堵塞填料缝隙。

⑤ 定期检查、防腐，清理塔壁，防止腐蚀、冲刷、挂疤等缺陷。
⑥ 定期检查塔板腐蚀程度。如果塔板腐蚀变薄则应更新，防止脱落。
⑦ 定期测量塔壁厚度并观察塔体有无渗漏，发现后及时修补。
⑧ 经常检查液面，不要淹没气体进口，防止引起震动和异常响声。
⑨ 经常观察基础下沉情况，注意塔体有无倾斜。
⑩ 保持塔体油漆完整，外观无挂疤，清洁卫生。
⑪ 定期打开排污阀门，排放塔底积存脏物和碎填料。
⑫ 冬季停用时，应将液体排尽，防止冻结。
⑬ 如果压力突然下降，此时可能原因是发生了泄漏。如果压力上升，可能的原因是填料阻力增加或设备管道堵塞。
⑭ 防腐层和保温层损坏，此时要对室外保温设备进行检查，着重检查温度在100℃以下的雨水浸入处、保温材料变质处、长期经外来微量的腐蚀性流体侵蚀处。填料塔巡检内容及方法见表7-4。

表7-4 填料塔的检查内容和方法

检查内容	检查方法	问题的判断和说明
操作条件	① 查看压力表、温度计和流量计 ② 检查设备操作记录	① 压力突然下降：塔节法兰或垫片泄漏 ② 压力上升：填料阻力增加或设备管道堵塞
物料变化	① 目测观察 ② 物料组分分析	① 内漏或操作条件破坏 ② 混入杂物、杂质
防腐、保温层	目测观察	对室外保温设备，检查雨水浸入处及腐蚀流体侵蚀处
附属设备	目测观察	① 进入管阀站连接螺栓是否松动变形 ② 管支架是否变形松动 ③ 手孔、人孔是否腐蚀、变形，启用是否良好
基础	目测、水平仪	基础如出现下沉或裂纹，会使塔体倾斜
塔体	① 目测观察 ② 发泡剂检查 ③ 气体检测器检查 ④ 测厚仪检查	塔体、法兰、接管处、支架处容易出现裂纹或泄漏

7. 填料塔常见故障诊断与处理

填料塔达不到设计指标统称为故障。填料塔的故障可由一个因素引起，也可能同时由多个因素引起，一旦出现故障，工厂总是希望尽快找出故障原因，以最少的费用尽快解决问题。故障诊断者应对塔及其附属设备的设计及有关方面的知识有很深的了解，了解得越多，故障诊断越容易。

故障诊断应从最简单、最明显处着手，可遵循以下步骤：
① 若故障严重，涉及安全、环保或不能维持生产，应立即停车，分析、处理故障。
② 若故障不严重，应在尽量减少对安全、环境及利润损害的前提下继续运行。
③ 在运行过程中取得数据及一些特征现象，在不影响生产的前提下，做一些操作变动，以取得更多的数据和特征现象。如有可能还可进行全回流操作，为故障分析提供

分析数据。

④ 分析塔过去的操作数据，或与同类装置相比较，从中找出相同点与不同点。若塔操作由好变坏，找出变化时间及变化前后的差异，从而找出原因。

⑤ 故障诊断不要只限于塔本身，塔的上游装置及附属设备，如泵、换热器及管道等都应在分析范畴内。

⑥ 仪表读数及分析数据错误可能导致塔的不良操作。每当故障出现，首先对仪表读数及分析数据进行交叉分析，特别要进行物料平衡、热量平衡及相平衡分析，以确定其准确性。

⑦ 有些故障是由于设计不当引起的。对设计引起故障的检查应首先检查图纸，看是否有明显失误之处，分析此失误是否为发生故障的原因；其次，要进行流体力学核算，核算某处是否有超过上限操作的情况；此外，还需对实际操作传质进行模拟计算，检查实际传质效率的高低。填料塔常见故障及处理方法见表 7-5。

表 7-5 填料塔常见故障及处理方法

故障现象	产生原因	处理方法
工作表面结垢	① 被处理物料中含有杂质 ② 被处理物料中有晶体析出沉淀 ③ 硬水产生水垢 ④ 设备被腐蚀,产生腐蚀物	① 提高过滤质量 ② 清除结晶物、水垢物 ③ 清除水垢 ④ 采取防腐措施
连接处失去密封能力	① 法兰连接螺栓松动 ② 螺栓局部过紧,产生变形 ③ 设备震动而引起螺栓松动 ④ 密封垫圈疲劳破坏 ⑤ 垫圈受介质腐蚀而损坏 ⑥ 法兰面上的衬里不平 ⑦ 焊接法兰翘曲	① 紧固螺栓 ② 更换变形螺栓 ③ 消除震动,紧固螺栓 ④ 更换变质的垫圈 ⑤ 更换耐腐蚀垫圈 ⑥ 加工不平的法兰 ⑦ 更换新法兰
塔体厚度减薄	设备在操作中,受介质的腐蚀、冲蚀和摩擦	减压使用或修理腐蚀部分或报废更新
塔局部变形	① 塔局部腐蚀或过热使材料降低而引起设备变形 ② 开孔无补强,焊缝应力集中使材料产生塑性变形 ③ 受外压设备工作压力超过临界压力,设备失稳变形	① 防止局部腐蚀或过热 ② 矫正变形或割下变形处焊上补板 ③ 稳定正常操作
塔体出现裂缝	① 局部变形加剧 ② 焊接时有内应力 ③ 封头过渡圆弧弯曲半径太小 ④ 水力冲击作用 ⑤ 结构材料缺陷 ⑥ 震动和温差的影响 ⑦ 应力腐蚀	裂缝修理
冷凝器内有填料	填料压板翻动	固定好压板
进料慢	进料过滤器堵塞	拆卸、清洗

四、实训操作

1. 填料塔的填料安装

(1) 填料安装前的处理

新填料表面有一薄油层，这油层可能是金属填料在加工过程中采用润滑油润滑而形成的，也可能是为了避免碳钢填料在运输和储存过程中被腐蚀而加的防锈油。这层油的存在对于某些物系是绝对不允许的，如空分系统中，油层洗涤下来后与液氧共存，可引起爆炸。对于水溶液物系，这层油可妨碍液膜的形成，对于某些碱性物系还可引起溶液发泡，因此应弄清该油的物性，在开车之前将其除掉。碳钢填料应储存在干燥封闭处，不应提前除油，以防锈蚀。

新陶瓷填料和重新填充的陶瓷填料应将其中的碎片筛掉，有时需用手工逐个除去，散装陶瓷填料在运输过程中难免有破碎，大块的碎填料仍可利用，其通量有所下降，压降有所升高，但分离效率不会下降。

(2) 散装填料的安装

陶瓷填料和非碳钢金属填料，若条件允许，应采用湿法填充。安装支持板后，往塔内充水，将填料从水面上方轻轻倒入水中，填料从水中漂浮下落，水面要高出填料 1m 以上。湿法填充可减少填料破损、变形。湿法填充还增加了散装填料的均匀性，填料用量减少约 5%，填料通量增大，压力降减小。

采用干法填充，填料应始终从离填料层一定高度倒入，对于大直径塔采用干法填充，有时需人站在填料层上填充。应需注意，人不可直接站在填料上，以防填料受压变形及密度不均，可在填料上铺设木板使受力分散。

无论采用湿法填充还是采用干法填充，都应由塔壁向中心填充，以防填料在塔壁处架桥，填料不应压迫到位，以防变形密度不均。各段填料安装完毕应检查上端填料是否推平，若有高低不平的现象，应将其推平。

(3) 规整填料的安装

对于直径小于 800mm 的小塔，规整填料通常做成整圆盘由法兰孔装入。对于直径大于 800mm 的塔，规整填料通常分成若干块，由人孔装入塔内，在塔内组圆，无论整圆还是分块组圆，其直径都要小于塔径，否则无法装入。填料与塔壁之间的间隙，应根据采用的防壁流圈形式而定，各填料生产厂家通常有自己的标准。

通常为防止由于填料与塔壁间隙而产生气液壁流的现象，在此间隙应加防壁流圈。此防壁流圈可与填料做成一体，也可分开到塔内组装。

2. 填料塔的料塔操作

料塔操作与板式塔大体相同。填料塔操作与板式塔主要不同之处在于：首先，填料塔应主要控制液体分布均匀，防止填料局部过流影响传质效果；其次要控制好压力变化，避免气相变化过大，造成填料压板的损坏。

五、实训评价

请学习者和教师根据表 7-6 的实训评价内容进行学生自评和教师评价，并根据评分标准将对应的检测记录及得分填写于表中。

表 7-6　认识填料塔设备的类型和结构实训评价表

项目	评价内容	评分标准/分	检测记录	学生自评/分	教师评价/分	累计得分/分
认识填料塔设备的类型和结构	1. 了解填料塔的应用	5				
	2. 掌握填料的类型和性能	10				
	3. 了解填料塔的填料选择	5				
	4. 掌握填料塔的安装、维护和常见故障处理	25				
安全性	遵守安全文明生产规范	5				
总分						
姓名：		工号：		日期：		教师：

模块思考

1. 什么是塔设备？塔设备的一般要求是什么？
2. 塔设备所受载荷有哪些？
3. 塔设备的总体结构由哪几部分组成？各有何作用？
4. 塔板如何分类？各有何特点？
5. 除沫装置的作用是什么？常用的有哪几种？
6. 裙座由哪几部分组成？如何选裙座的材料？
7. 板式塔的操作特性是什么？
8. 塔式板的不正常操作现象有哪些？
9. 如何进行板式塔的操作和维护？
10. 说明填料塔的结构特点。
11. 填料塔填料的种类有哪些？
12. 如何进行填料的选择？
13. 填料塔的内件有哪些？
14. 如何进行填料塔的操作和维护？

参考文献

[1] 李浩. 化工设备检、维修[M]. 北京：化学工业出版社，2023.
[2] 景朝晖. 钳工基础实训[M]. 北京：中国电力出版社，2020.
[3] 葛志宏. 钳工工艺与技能[M]. 成都：西南交通大学出版社，2019.
[4] 李成飞. 化工管路与设备[M]. 北京：化学工业出版社，2017.
[5] 孙庆堂. 化工检修钳工[M]. 北京：化学工业出版社，2015.
[6] 陈刚. 钳工基础[M]. 北京：化学工业出版社，2014.